微课堂学电脑

Photoshop CC 中文版图像处理

文杰书院　编著

清华大学出版社

北　京

内 容 简 介

本书以通俗易懂的语言、精挑细选的实用技巧、翔实生动的操作案例，全面介绍了 Photoshop CC 的基础知识以及应用案例。本书主要内容包括：Photoshop CC 中文版基础知识、文件操作、图像操作、图像选区、修复与修饰图像、图像色调与色彩、颜色与画笔、图层及图层样式、文字工具、矢量工具与路径、蒙版与通道、滤镜、Web 图形处理、动作与任务自动化等方面的知识及技巧。

本书为方便用户的阅读和学习，采用简洁大方的排版方式，十分适合无基础又想快速掌握 Photoshop CC 的读者，同时对有经验的 Photoshop CC 使用者也有很高的参考价值，更加适合广大电脑爱好者及各行各业人员作为自学手册使用，特别适合作为初中级电脑培训班的培训教材或者学习辅导书。

图书在版编目(CIP)数据

Photoshop CC 中文版图像处理/文杰书院编著. —北京：清华大学出版社，2017

(微课堂学电脑)

ISBN 978-7-302-46868-4

Ⅰ. ①P…　Ⅱ. ①文…　Ⅲ. ①图像处理软件　Ⅳ. ①TP391.41

中国版本图书馆 CIP 数据核字(2017)第 064189 号

责任编辑：魏　莹　李玉萍
封面设计：杨玉兰
责任校对：张彦彬
责任印制：沈　露

出版发行：清华大学出版社
　　　　网　　　址：http://www.tup.com.cn，http://www.wqbook.com
　　　　地　　　址：北京清华大学学研大厦 A 座　　　邮　　编：100084
　　　　社 总 机：010-62770175　　　　　　　　　邮　　购：010-62786544
　　　　投稿与读者服务：010-62776969，c-service@tup.tsinghua.edu.cn
　　　　质 量 反 馈：010-62772015，zhiliang@tup.tsinghua.edu.cn
印 装 者：北京嘉实印刷有限公司
经　　销：全国新华书店
开　　本：185mm×260mm　　印　张：19　　字　数：459 千字
版　　次：2017 年 7 月第 1 版　　　　　　　印　次：2017 年 7 月第 1 次印刷
印　　数：1～3000
定　　价：49.80 元

产品编号：067775-01

致读者

　　"微课堂学电脑"系列丛书立足于"全新的阅读与学习体验"，整合电脑和手机同步视频课程推送功能，提供了全程学习与工作技术指导服务，汲取了同类图书作品的成功经验，帮助读者从图书开始学习基础知识，进而通过微信公众号和互联网站进一步深入学习与提高。

　　我们力争打造一个线上和线下互动交流的立体化学习模式，为您量身定做一套完美的学习方案，为您奉上一道丰盛的学习盛宴！创造一个全方位多媒体互动的全景学习模式，是我们一直以来的心愿，也是我们不懈追求的动力，愿我们为您奉献的图书和视频课程可以成为您步入神奇电脑世界的钥匙，并祝您在最短时间内能够学有所成、学以致用。

▷▷ 这是一本与众不同的书

　　"微课堂学电脑"系列丛书汇聚作者 20 年技术之精华，是读者学习电脑知识的新起点，是您迈向成功的第一步！本系列丛书涵盖电脑应用各个领域，为各类初、中级读者提供全面的学习与交流平台，适合学习计算机操作的初、中级读者，也可作为大中专院校、各类电脑培训班的教材。热切希望通过我们的努力能满足读者的需求，不断提高我们的服务水平，进而达到与读者共同学习、共同提高的目的。

> ➢ **全新的阅读模式**：看起来不累，学起来不烦琐，用起来更简单。
> ➢ **进阶式学习体验**：基础知识+专题课堂+实践经验与技巧+有问必答。
> ➢ **多样化学习方式**：看书学、上网学、用手机自学。
> ➢ **全方位技术指导**：PC 网站+手机网站+微信公众号+QQ 群交流。
> ➢ **多元化知识拓展**：免费赠送配套视频教学课程、素材文件、PPT 课件。
> ➢ **一站式 VIP 服务**：在官方网站免费学习各类技术文章和更多的视频课程。

▷▷ 全新的阅读与学习体验

　　我们秉承"打造最优秀的图书、制作最优秀的电脑学习软件、提供最完善的学习与工作指导"的原则，在本系列图书编写过程中，聘请电脑操作与教学经验丰富的老师和来自工作一线的技术骨干倾力合作编著，为您系统化地学习和掌握相关知识与技术奠定扎实的基础。

致读者

1. 循序渐进的高效学习模式

本套图书特别注重读者学习习惯和实践工作应用,针对图书的内容与知识点,设计了更加贴近读者学习的教学模式,采用"基础知识学习+专题课堂+实践经验与技巧+有问必答"的教学模式,帮助读者从初步了解到掌握到实践应用,循序渐进地成为电脑应用高手与行业精英。

2. 简洁明了的教学体例

为便于读者学习和阅读本书,我们聘请专业的图书排版与设计师,根据读者的阅读习惯,精心设计了赏心悦目的版式,全书图案精美、布局美观。在编写图书的过程中,注重内容起点低、操作上手快、讲解言简意赅,读者不需要复杂的思考,即可快速掌握所学的知识与内容。同时针对知识点及各个知识板块的衔接,科学地划分章节,知识点分布由浅入深,符合读者循序渐进与逐步提高的学习习惯,从而使学习达到事半功倍的效果。

(1) 本章要点:以言简意赅的语言,清晰地表述了本章即将介绍的知识点,读者可以有目的地学习与掌握相关知识。

(2) 基础知识:主要讲解本章的基础知识、应用案例和具体知识点。读者可以在大量的实践案例练习中,不断提高操作技能和经验。

(3) 专题课堂:对于软件功能和实际操作应用比较复杂的知识,或者难于理解的内容,进行更为详尽的讲解,帮助读者拓展、提高与掌握更多的技巧。

(4) 实践经验与技巧:主要介绍的内容为与本章内容相关的实践操作经验及技巧,读者通过学习,可以不断提高自己的实践操作能力和水平。

(5) 有问必答:主要介绍与本章内容相关的一些知识点,并对具体操作过程中可能遇到的常见问题给予必要的解答。

≫ 图书产品和读者对象

"微课堂学电脑"系列丛书涵盖电脑应用各个领域,为各类初、中级读者提供了全面的学习与交流平台,帮助读者轻松实现对电脑技能的了解、掌握和提高。本系列图书本次共计出版 14 个分册,具体书目如下:

- ➤ 《Adobe Audition CS6 音频编辑入门与应用》
- ➤ 《计算机组装·维护与故障排除》
- ➤ 《After Effects CC 入门与应用》
- ➤ 《Premiere CC 视频编辑入门与应用》

- 《Flash CC 中文版动画设计与制作》
- 《Excel 2013 电子表格处理》
- 《Excel 2013 公式·函数与数据分析》
- 《Dreamweaver CC 中文版网页设计与制作》
- 《AutoCAD 2016 中文版入门与应用》
- 《电脑入门与应用(Windows 7+Office 2013 版)》
- **《Photoshop CC 中文版图像处理》**
- 《Word·Excel·PowerPoint 2013 三合一高效办公应用》
- 《淘宝开店·装修·管理与推广》
- 《计算机常用工具软件入门与应用》

▷▷ 完善的售后服务与技术支持

为了帮助您顺利学习、高效就业,如果您在学习与工作中遇到疑难问题,欢迎来信与我们及时交流与沟通,我们将全程免费答疑。希望我们的工作能够让您更加满意,希望我们的指导能够为您带来更大的收获,希望我们可以成为志同道合的朋友!

1. 关注微信公众号——获取免费视频教学课程

读者关注微信公众号"文杰书院",不但可以学习最新的知识和技巧,同时还能获得免费网上专业课程学习的机会,可以下载书中所有配套的视频资源。

获得免费视频课程的具体方法为:扫描右侧二维码关注"文杰书院"公众号,同时在本书前言末页找到本书唯一识别码,例如 2016017,然后将此识别码输入到官方微信公众号下面的留言栏并点击【发送】按钮,读者可以根据自动回复提示地址下载本书的配套教学视频课程资源。

2. 访问作者网站——购书读者免费专享服务

我们为读者准备了与本书相关的配套视频课程、学习素材、PPT 课件资源和在线学习资源,敬请访问作者官方网站"文杰书院"免费获取,网址:http://www.itbook.net.cn。

扫描右侧二维码访问作者网站,除可以获得本书配套视频资源以外,还能获得更多的网上免费视频教学课程,以及免费提供的各类技术文章,让读者能汲取来自行业精英的经验分享,获得全程一站式贵宾服务。

3．互动交流方式——实时在线技术支持服务

为方便学习，如果您在使用本书时遇到问题，可以通过以下方式与我们取得联系。

QQ 号码：18523650

读者服务 QQ 群号：185118229 和 128780298

电子邮箱：itmingjian@163.com

文杰书院网站：www.itbook.net.cn

最后，感谢您对本系列图书的支持，我们将再接再厉，努力为读者奉献更加优秀的图书。衷心地祝愿您能早日成为电脑高手！

编　者

前言

　　Adobe Photoshop CC 作为应用最广泛的平面设计软件，其组件已被广泛应用到广告设计、包装设计、影像创意、插画绘制、艺术文字、网页设计、界面设计、效果图后期处理和绘制以及处理三维材质贴图等应用领域。为帮助读者快速掌握与应用 Photoshop CC 绘图软件的功能，作者精心编写了本书，希望能对用户的学习工作有所裨益。

　　本书在编写过程中，针对 Photoshop CC 软件尚无经验的初学者，采用由浅入深、由易到难的讲解方式，用户可以根据个人学习情况，循序渐进地学习。全书结构清晰，内容丰富，主要内容包括以下 5 个方面。

1. 基础操作与应用技巧

　　第 1～4 章，分别介绍了 Photoshop CC 基础入门、Photoshop 文件基本操作、图像的基本编辑与操作和图像选区应用方面的知识。

2. 图像修饰与色彩应用

　　第 5～7 章，全面介绍了图像的修复与修饰、调整图像色调与色彩，以及设置颜色与画笔的应用方法与技巧。

3. 图层与文字工具

　　第 8～9 章，讲解了图层与图层样式以及文字工具的具体应用与操作知识。

4. 图像处理的高级应用

　　第 10～12 章，全面介绍了矢量工具与路径、蒙版与通道、滤镜应用等方面的知识与具体操作方法。

5. Web 图形处理

　　第 13～14 章，全面介绍了 Web 图形处理、动作与任务自动化应用技巧方面的知识。

　　本书由文杰书院组织编写，参与本书编写的有李军、罗子超、袁帅、文雪、肖微微、李强、高桂华、蔺丹、张艳玲、李统财、安国英、贾亚军、蔺影、李伟、冯臣、宋艳辉等。

　　为方便学习，读者可以访问网站 http://www.itbook.net.cn 获得更多学习资源，如果您在使用本书时遇到问题，可以加入 QQ 群 128780298 或 185118229，也可以发邮件至 itmingjian@163.com 与我们交流和沟通。

　　为了方便读者快速获取本书的配套视频教学课程、学习素材、PPT 教学课件和在线学习资源，读者可以在文杰书院网站中搜索本书书名，或者扫描右侧的二维码，在打开的本书技术服务支持网页中，选择相关的配套学习资源。

我们提供了本书配套学习素材和视频课程，请关注**微信公众号"文杰书院"**免费获取。读者还可以订阅 **QQ 部落"文杰书院"**进一步学习与提高。

我们真切希望读者在阅读本书之后，可以开阔视野，增长实践操作技能，并从中学习和总结操作的经验和规律，达到灵活运用的水平。鉴于编者水平有限，书中疏漏和考虑不周之处在所难免，热忱欢迎读者予以批评、指正，以便我们编写更好的图书。

编 者

2016011

目录

目录

第1章

Photoshop CC 中文版
基础知识

❖ 初步认识 Photoshop CC

❖ 图像处理基础知识

❖ 工作界面

❖ 工作区

❖ 专题课堂——辅助工具

本章主要介绍了初步知识 Photoshop CC、图像处理基础知识、工作界面、工作区和辅助工具方面的知识与技巧，在本章的最后还针对实际工作需求，讲解了使用智能参考线、在工作区启用对齐功能、查看 Photoshop CC 系统信息等方法。通过本章的学习，读者可以掌握 Photoshop CC 中文版的基础知识，为深入学习 Photoshop CC 知识奠定基础。

Photoshop CC 中文版图像处理

导读 在 Photoshop CS6 功能的基础上，Photoshop CC 新增相机防抖动功能、CameraRAW 功能改进、属性面板改进、Behance 集成等功能，即云功能。本节将介绍 Photoshop CC 基础知识。

1.1.1 Photoshop CC 的应用领域

微课堂 00 分 19 秒

Photoshop CC 作为目前最为主流的一种专业图像编辑软件，已经被广泛应用到社会的各个领域，下面详细介绍 Photoshop CC 行业应用方面的知识。

1. 人像处理

拍摄照片后，可以使用 Photoshop CC 处理人像，可以修饰人物的皮肤，调整图像的色调，同时还可以合成背景，使拍摄出的影像更加完美，如图 1-1 所示。

2. 广告设计

用户可以使用 Photoshop CC 进行广告设计，设计出精美绝伦的广告海报、招贴等。广告设计也是 Photoshop CC 应用最为广泛的一个领域，如图 1-2 所示。

图 1-1   图 1-2

3. 包装设计

用户还可以使用 Photoshop CC 设计出各种精美的包装样式，如环保袋、礼品盒、图标等，如图 1-3 所示。

4. 插画绘制

　　用户可以使用 Photoshop CC 绘制出风格多样的电脑插图，并将其应用到广告、网络、T 恤印图等领域，如图 1-4 所示。

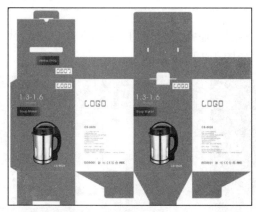

图 1-3　　　　　　　　　　　　　　　　图 1-4

5. 艺术文字

　　用户还可以使用 Photoshop CC 制作各种精美的艺术字体。艺术字体被广泛应用于图书封面、海报设计、建筑设计和标识设计等领域中，如图 1-5 所示。

6. 网页设计

　　用户还可以使用 Photoshop CC 制作网站中的各种元素，如网站标题、框架及背景图片等，如图 1-6 所示。

图 1-5　　　　　　　　　　　　　　　　图 1-6

7. 界面设计 》》》》

用户还可以使用 Photoshop CC 设计出精美的软件界面、游戏界面、手机界面和电脑界面等，如图 1-7 所示。

8. 效果图后期处理 》》》》

用户在制作建筑效果图时，渲染出的图片通常都要使用 Photoshop CC 做后期处理，例如房屋、人物、车辆、植物、天空等，如图 1-8 所示。

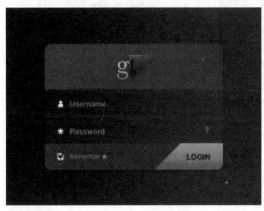
图 1-7

图 1-8

9. 绘制三维材质贴图 》》》》

用户还可以使用 Photoshop CC 对三维图像进行三维材质贴图的操作，使图像更为逼真，如图 1-9 所示。

图 1-9

1.1.2 Photoshop CC 的功能特色

微课堂
00 分 36 秒

随着 Photoshop 软件版本的不断提升，其功能也越来越完善。Photoshop CC 功能特色包括以下几个方面。

1. 链接智能对象的改进

用户可以将链接的智能对象打包到 Photoshop 文档中，以便将它们的源文件保存在计算机的文件夹中。Photoshop 文档的副本会随源文件一起保存在文件夹中。用户还可以将嵌入的智能对象转换为链接的智能对象，转换时，应用于嵌入的智能对象的变换、滤镜和其他效果将保留。

2. 智能对象中的图层复合

考虑一个带有图层符合的文件，且该文件在另外一个文件中以智能对象存储。当用户选择包含该文件的智能对象时，【属性】面板允许用户访问在源文档中定义的图层复合。此功能允许用户更改图层等级的智能对象状态，但无须编辑该智能对象。

3. 使用 Typekit 中的字体

通过与 Typekit 相集成，Photoshop 为创意项目的排版创造了无限可能。用户可以使用 Typekit 中已经与计算机同步的字体。这些字体显示在本地安装的字体旁边。用户还可以在【文本工具】选项栏和【字符】面板的【字体】列表中选择仅查看 Typekit 中的字体。如果打开的文档中某些字体缺失，Photoshop 还允许用户使用 Typekit 中的等效字体替换这些字体。

4. 选择位于焦点中的图像区域

Photoshop CC 允许用户选择位于焦点中的图像区域或像素。用户还可以扩大或缩小默认选区。

5. 带有颜色混合的内容识别功能

在 Photoshop CC 中，润色图像和从图像中移去不需要的元素比以往更简单。以下内容识别功能现已加入算法颜色混合：内容识别填充、内容识别修补、内容识别移动、内容识别扩展。

6. Photoshop 生成器的增强

Photoshop CC 推出以下增强生成器功能：用户可以选择将特定图层/图层组生成的图像资源直接保存在资源文件夹下的子文件夹中，包括子文件夹名称/图层名称；还可以为生成的资源指定文件默认设置，创建空图层时，其名称以关键词默认开始，然后指定默认设置。

7. 3D 打印

Photoshop CC 显著增强了 3D 打印功能。

Photoshop CC 中文版图像处理

➢ 【打印预览】对话框现在会指出哪些表面已修复。

➢ 用于【打印预览】对话框的新渲染引擎，可提供更精确的具有真实光照的预览，新渲染引擎光线能够更准确地跟踪 3D 对象。

➢ 新重构算法可以极大地减少 3D 对象文件中的三角形计数。

➢ 在打印到 Mcor 和 Zcorp 打印机时，可更好地支持高分辨率纹理。

8. 启用实验性功能

Photoshop 现在附带以下可启用以供试用的实验性功能。

➢ 对高密度显示屏进行 200%用户界面缩放。

➢ 启用多色调 3D 打印。

9. 同步设置改进

Photoshop CC 提供了改进的"同步设置"体验，该功能具有简化的流程和其他有用的增强功能。

➢ 用户现在可以指定同步的方向。

➢ 用户可以直接从【首选项】对话框的【同步设置】选项卡中上传或下载设置。

📛 知识拓展

Photoshop 在处理图像时，对操作系统的配置要求很高，尤其是电脑内存的好坏决定 Photoshop CC 处理图像的速度，所以在使用 Photoshop CC 处理图像时，应避免使用低速度的硬盘虚拟内存，提高 Photoshop CC 可用内存量，运用合理的方法，降低 Photoshop 运行时对内存的需求量。

Section 1.2 图像处理基础知识

图像是 Photoshop 的基本元素，是 Photoshop 进行处理的主要对象。使用 Photoshop CC，用户可以对图像进行处理，增加图像的美感，同时还可以将图像保存为各种格式。下面详细介绍图像处理基础方面的知识与操作技巧。

1.2.1 点阵图与矢量图

微课堂
00 分 46 秒

在处理图像文件时，用户可以将图像分为点阵图和矢量图两类。一般情况下，在 Photoshop CC 软件中进行处理的图像多为点阵图，同时 Photoshop CC 软件也可以处理矢量图。下面介绍有关点阵图与矢量图方面的知识。

1. 点阵图

点阵图也称为位图，就是最小单位由像素构成的图，缩放后会失真。构成位图的最小单位是像素，位图就是由像素阵列的排列来实现其显示效果的，每个像素都有自己的颜色信息，所以处理位图时，应着重考虑分辨率，分辨率越高，位图失真率越小。

2. 矢量图

矢量图也称为向量图，就是缩放后不会失真的图像格式。矢量图是通过多个对象的组合生成的，对其中的每一个对象的记录方式，都是以数学函数来实现的。所以即使对画面进行倍数相当大的缩放，其显示效果仍不失真。

1.2.2　图像的像素

像素是用来计算数码影像的单位。图像无限放大后，会发现它是由许多小方块组成的，这些小方块就是像素。一个图像的像素越高，其色彩越丰富，越能表达图像真实的颜色，如图 1-10 所示。

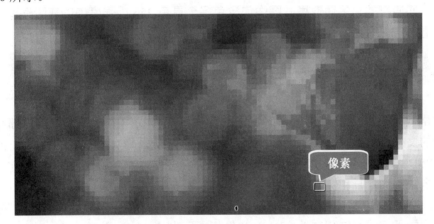

图 1-10

1.2.3　图像分辨率

分辨率的英文全称是"resolution"，就是屏幕图像的精密度，是指显示器所能显示的像素的多少。由于屏幕上的点、线和面都是由像素组成的，因此，显示器可显示的像素越多，画面就越精细，同样屏幕区域内能显示的信息也就越多。

1.2.4　颜色模式

颜色模式是将某种颜色表现为数字形式的模型。在 Photoshop CC 中，颜色模式可分为：

Photoshop CC 中文版图像处理

RGB 模式、CMYK 模式、Lab 颜色模式、位图模式、灰度模式、索引颜色模式、双色调模式和多通道模式等。下面详细介绍颜色模式方面的知识。

➢ 位图模式：位图模式又称黑白模式，是一种最简单的色彩模式，属于无彩色模式。位图模式图像只有黑、白两色，由 1 位像素组成，每个像素用 1 位二进制数来表示，文件占据存储空间非常小。

➢ 灰度模式：灰度模式图像中没有颜色信息，色彩饱和度为 0，属无彩色模式，图像由介于黑白之间的 256 级灰色组成。

➢ 双色调模式：双色调模式是通过 1～4 种自定义灰色油墨或彩色油墨创建一幅双色调、三色调或者四色调的含有色彩的灰度图像。

➢ 索引颜色模式：索引颜色模式只支持 8 位色彩，是使用系统预先定义好的最多含有 256 种颜色表中典型颜色来表现彩色图像的。

➢ RGB 模式：RGB 模式采用三基色模型，又称为加色模式，是目前图像软件最常用的基本颜色模式。三基色可复合生成 1670 多万种颜色。

➢ CMYK 模式：CMYK 模式采用印刷三原色模型，又称减色模式，是打印、印刷等油墨成像设备即印刷领域使用的专有模式。

➢ Lab 颜色模式：Lab 颜色模式是一种色彩范围最广的色彩模式，它是各种色彩模式之间相互转换的中间模式。

➢ 多通道模式：多通道模式图像包含有多个具有 256 级强度值的灰阶通道，每个通道 8 位深度。

1.2.5 图像的文件格式

文件格式是电脑为了存储信息而使用的特殊编码方式，主要用于识别内部存储的资料，常用的文件格式包括 PSD、JPG、PNG 和 BMP 等。图像文件格式的特点如下。

➢ PSD：PSD 格式是 Photoshop 图像处理软件的专用文件格式，它可以比其他格式更快速地打开和保存图像。

➢ BMP：BMP 格式是一种与硬件设备无关的图像文件格式，被大多数软件所支持，主要用于保存位图文件。BMP 文件格式不支持 Alpha 通道。

➢ GIF：GIF 格式为 256 色 RGB 图像格式，其特点是文件尺寸较小，支持透明背景，适用于网页制作。

➢ EPS：EPS 格式是处理图像工作中最重要的格式，主要用于在 PostScript 输出设备上打印。

➢ JPEG：JPEG 格式是一种压缩效率很高的存储格式，但当压缩品质过高时，会损失图像的部分细节，其被广泛应用到网页制作和 GIF 动画。

➢ PDF：PDF 格式是由 Adobe Systems 创建的一种文件格式，允许在屏幕上查看电子文档。PDF 格式文件还可被嵌入到 Web 的 HTML 文档中。

➢ PNG：PNG 格式是用于无损压缩和在 Web 上显示图像的一种格式，与 GIF 格式相比，PNG 格式不局限于 256 色。

> TIFF：TIFF 格式支持 Alpha 通道的 RGB、CMYK、灰度模式，以及无 Alpha 通道的索引、灰度模式、16 位和 24 位 RGB 文件，可设置透明背景。

Section 1.3　工作界面

为了更好地使用 Photoshop CC 进行图像编辑操作，用户应首先对 Photoshop CC 的工作界面进行了解。本节将重点介绍 Photoshop CC 操作界面方面的知识。

1.3.1　工作界面组件

微课堂 00 分 10 秒

Photoshop CC 工作界面由菜单栏、工具选项栏、工具箱、文档窗口、状态栏和面板组等部分组成，如图 1-11 所示。

图 1-11

1.3.2　文档窗口

微课堂 00 分 28 秒

在 Photoshop CC 中打开一个图像，便会创建一个文档窗口，如图 1-12 所示。当打开多个图像时，文档窗口将以选项卡的形式进行显示。文档窗口一般显示正在处理的图像文件。

如果准备切换文档窗口，用户可以单击选择相应的标题名称，或者在键盘上按下

Photoshop CC 中文版图像处理

Ctrl+Tab 组合键即可按照顺序切换窗口。

图 1-12

1.3.3　工具箱

微课堂
00 分 21 秒

　　在 Photoshop CC 中，使用工具箱中的工具可以进行创建选区、绘图、取样、编辑、移动、注释和查看图像等操作，同时还可以更改前景色和背景色，并可以采用不同的屏幕显示模式和快速模板模式编辑，如图 1-13 所示。

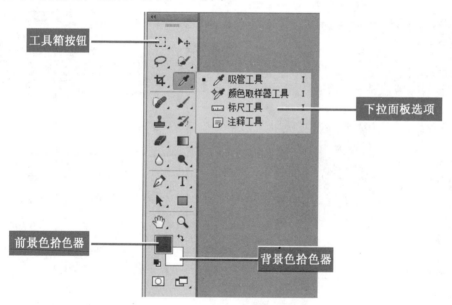

图 1-13

1.3.4　工具选项栏

微课堂
00 分 10 秒

　　工具选项栏简称选项栏，用于显示当前所选工具的选项。不同工具的选项栏，其功能也各不相同，如图 1-14 所示。单击并拖动工具选项栏可以使它成为浮动的状态。如果准备将其拖动至菜单栏下方，用户可以在出现蓝色条时放开鼠标，便可以重新归回原位。

羽化:
0 像素
消除锯齿
调整边缘...
基本功能

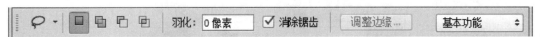

图 1–14

1.3.5 菜单栏

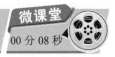

微课堂 00 分 08 秒

在 Photoshop CC 中共有 10 个主菜单，每个主菜单内都包含一系列对应的操作命令，如图 1-15 所示。如果在选择菜单命令时，某些命令显示为灰色，则表示该命令在当前状态下不能使用。

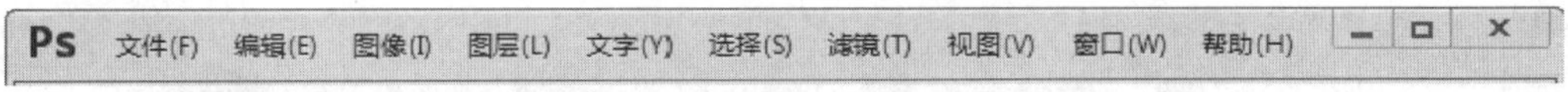

Ps
文件(F)
编辑(E)
图像(I)
图层(L)
文字(Y)
选择(S)
滤镜(T)
视图(V)
窗口(W)
帮助(H)

图 1–15

1.3.6 面板组

微课堂 00 分 15 秒

面板组可以用来设置图像的颜色、样式、图层和路径等。在 Photoshop CC 面板组中包含 20 多个面板，同时面板组可以浮动显示，如图 1-16 所示。

颜色
色板
属性
调整
样式
图层
通道
路径

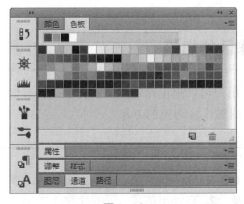

图 1–16

1.3.7 状态栏

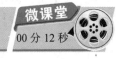

微课堂 00 分 12 秒

Photoshop CC 中文版的状态栏位于文档窗口底部，状态栏可以显示文档窗口的缩放比例、文档大小、当前使用工具等信息，如图 1-17 所示。

知识拓展

单击状态栏中的向右箭头按钮▶，可在打开的菜单中选择状态栏的具体显示内容，包括 Adobe Drive、文档大小、文档配置文件、文档尺寸、测量比例、暂存盘大小、效率、计时、当前工具、32 位曝光和存储进度等。

Photoshop CC 中文版图像处理

图 1-17

Section 1.4 工作区

导读 在 Photoshop CC 中，用户可以对工作区进行自定义设置，这样程序可以帮助用户根据不同的编辑要求，快速选择不同的编辑工作模式。本节将重点介绍 Photoshop CC 工作区方面的知识。

1.4.1 工作区的切换

微课堂 00 分 16 秒

在 Photoshop CC 中，用户可以根据图像编辑的需要，快速切换至不同类型的工作区以方便用户操作。下面将介绍工作区切换的方法。

操作步骤 >> Step by Step

第1步 在 Photoshop CC 中打开图像文件，**1.** 单击【窗口】主菜单，**2.** 在弹出的菜单中选择【工作区】菜单项，**3.** 在弹出的子菜单中选择【摄影】菜单项，如图 1-18 所示。

第2步 通过以上方法即可完成切换工作区的操作，如图 1-19 所示。

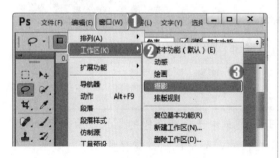

图 1-18

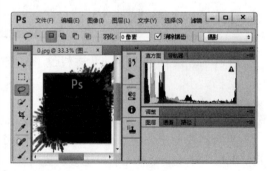

图 1-19

1.4.2　定制自己的工作区

在 Photoshop CC 中，如果程序自带的工作区不能满足用户的工作需要，用户还可以自定义定制工作区界面。下面介绍定制自己的工作区的方法。

操作步骤　>>　Step by Step

第1步　启动 Photoshop CC 程序，**1.** 单击【窗口】主菜单，**2.** 在弹出的菜单中选择【工作区】菜单项，**3.** 在弹出的子菜单中选择【新建工作区】菜单项，如图 1-20 所示。

第2步　弹出【新建工作区】对话框，**1.** 在【名称】文本框中输入名称，**2.** 单击【存储】按钮即可完成定制自己的工作区的操作，如图 1-21 所示。

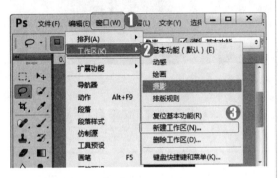

图 1-20

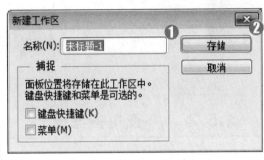

图 1-21

📀 知识拓展

创建完自定义工作区后，如果要删除自定义的工作区，可以单击【窗口】主菜单，在弹出的菜单中选择【工作区】菜单项，再在弹出的子菜单中选择【删除工作区】菜单项即可完成删除操作。

Section 1.5　专题课堂——辅助工具

通过使用 Photoshop CC 中的辅助工具，用户可以更好地对图像进行编辑操作。本节将重点介绍 Photoshop CC 辅助工具方面的知识与技巧。

1.5.1　使用标尺

在 Photoshop CC 中，标尺一般出现在工作区窗口的顶部和左侧，用户可以使用标尺精

Photoshop CC 中文版图像处理

确定位图像或元素的位置。下面介绍使用标尺的操作方法。

操作步骤 >> Step by Step

第1步 启动 Photoshop CC 程序，**1.** 单击【视图】主菜单，**2.** 在弹出的菜单中选择【标尺】菜单项，如图 1-22 所示。

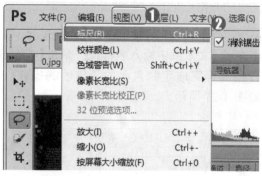

图 1-22

第2步 在图像文档窗口顶部和左侧显示标尺刻度器，通过以上方法即可完成启动标尺的操作，如图 1-23 所示。

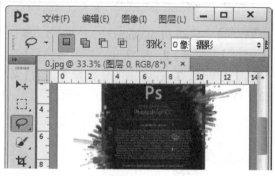

图 1-23

1.5.2 使用参考线

微课堂 00分30秒

参考线用于精确定位图像或元素的位置，用户可以移动和移去参考线，同时还可以锁定参考线使其不可移动。下面介绍使用参考线的操作方法。

操作步骤 >> Step by Step

第1步 在 Photoshop CC 中启动标尺刻度器后，将鼠标指针移动至文档窗口顶端的标尺刻度器处，单击并向下方拖动鼠标，在指定位置释放鼠标。通过以上操作方法即可绘制出一条水平参考线，如图 1-24 所示。

图 1-24

第2步 将鼠标指针移动至文档窗口左侧的标尺刻度器处，单击并向右侧拖动鼠标，在指定位置释放鼠标。通过以上操作方法即可绘制出一条垂直参考线，如图 1-25 所示。

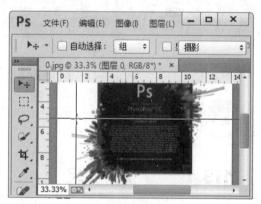

图 1-25

1.5.3　使用网格

微课堂
00 分 16 秒

用户可以利用 Photoshop CC 显示网格的功能，对图像进行对齐的操作。下面介绍使用网格的操作方法。

操作步骤　>>　**Step by Step**

第 1 步　启动 Photoshop CC 程序，**1.** 单击【视图】主菜单，**2.** 在弹出的菜单中选择【显示】菜单项，**3.** 在弹出的子菜单中选择【网格】菜单项，如图 1-26 所示。

第 2 步　通过以上方法即可完成使用网格的操作，如图 1-27 所示。

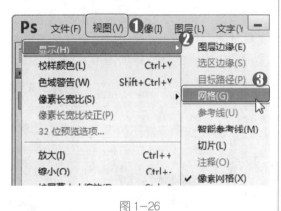

图 1-26

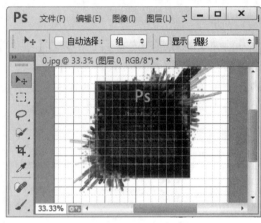

图 1-27

 专家解读

网格可以显示为线条状、点状，也可以修改网格的大小和颜色。

1.5.4　显示或隐藏额外内容

微课堂
00 分 34 秒

在 Photoshop CC 中，启动标尺、网格、参考线等辅助工具后，用户可以根据编辑需要将启动的辅助工具进行暂时隐藏或再次显示的操作。下面介绍显示与隐藏额外内容的操作方法。

操作步骤　>>　**Step by Step**

第 1 步　在 Photoshop CC 中启用网格工具，**1.** 单击【视图】主菜单，**2.** 在弹出的菜单中选择【显示额外内容】菜单项，如图 1-28 所示。将【显示额外内容】菜单项前的选择符号取消。

第 2 步　此时，在文档窗口中网格等辅助工具已经隐藏。通过以上方法即可完成隐藏额外内容的操作，如图 1-29 所示。

Photoshop CC 中文版图像处理

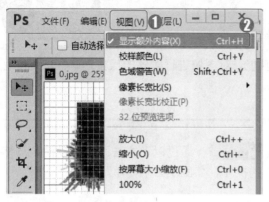

图 1-28

图 1-29

第3步 隐藏额外内容后，**1.** 单击【视图】主菜单，**2.** 在弹出的菜单中选择【显示额外内容】菜单项，如图 1-30 所示。将【显示额外内容】菜单项前的选择符号重新选择。

第4步 此时，在文档窗口中网格等辅助工具就显示出来了，通过以上方法即可完成显示额外内容的操作，如图 1-31 所示。

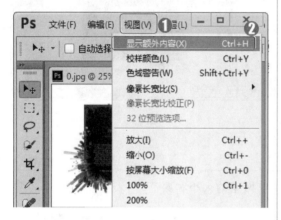

图 1-30

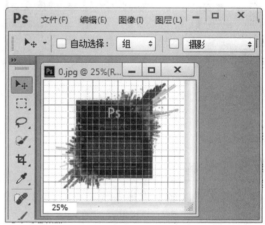

图 1-31

Section

1.6 实践经验与技巧

　　在本节的学习过程中，将侧重介绍与本章知识点有关的实践经验与技巧，主要内容包括使用智能参考线、在工作区启用对齐功能、查看 Photoshop CC 系统信息等方面的知识与操作技巧。

1.6.1 使用智能参考线

微课堂
00 分 15 秒

在进行图像移动操作时用户可以使用 Photoshop CC 中的智能参考线,对移动的图像进行对齐形状、选区和切片的操作。下面介绍使用智能参考线的操作方法。

操作步骤 >> Step by Step

第 1 步 在 Photoshop CC 中打开图像,**1.** 单击【视图】主菜单,**2.** 在弹出的菜单中选择【显示】菜单项,**3.** 在弹出的子菜单中选择【智能参考线】菜单项,如图 1-32 所示。

第 2 步 启动"智能参考线"功能后,移动图像,在拖动图像的过程中,文档窗口中显示智能参考线。通过以上方法即可完成使用智能参考线的操作,如图 1-33 所示。

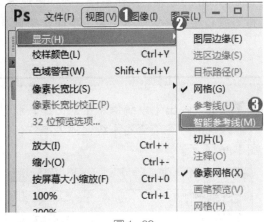

图 1-32

图 1-33

1.6.2 在工作区启用对齐功能

微课堂
00 分 18 秒

对齐功能有助于精确地设置选区、剪裁选框、切片、形状和路径。如果要启用对齐功能,需要单击【视图】主菜单,在弹出的菜单中选择【对齐】菜单项,再次单击【视图】主菜单,在弹出的菜单中选择【对齐到】菜单项,在弹出的子菜单中选择一个对齐子菜单项,如图 1-34 所示。带有"√"标记的子菜单项表示启用了该对齐功能。

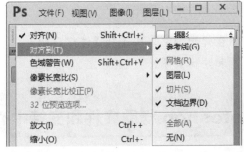

图 1-34

Photoshop CC 中文版图像处理

➢ 【参考线】子菜单项：使对象与参考线对齐。

➢ 【网格】子菜单项：使对象与网格对齐。网格被隐藏时不能选择该子菜单项。

➢ 【图层】子菜单项：使对象与图层中的内容对齐。

➢ 【切片】子菜单项：使对象与切片的边界对齐。切片被隐藏时不能选择该子菜单项。

➢ 【文档边界】子菜单项：使对象与文档的边缘对齐。

➢ 【全部】子菜单项：可以选择所有【对齐到】子菜单项。

➢ 【无】子菜单项：表示取消所有【对齐到】子菜单项的选择。

1.6.3　查看 Photoshop CC 系统信息

在 Photoshop CC 中，用户可以查看 Adobe Photoshop 的版本、操作系统、处理器速度、Photoshop 可用的内存、Photoshop 占用的内存和图像高速缓存级别等信息。下面介绍查看 Photoshop CC 系统信息的操作方法。

操作步骤　>>　Step by Step

第1步　启动 Photoshop CC，**1.** 单击【帮助】主菜单，**2.** 在弹出的菜单中选择【系统信息】菜单项，如图 1-35 所示。

第2步　弹出【系统信息】对话框，通过以上方法即可完成查看系统信息的操作，如图 1-36 所示。

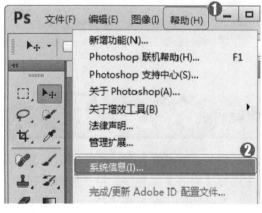

图 1-35

图 1-36

 一点即通

单击【帮助】主菜单，在弹出的菜单中选择【法律声明】菜单项，可以在打开的对话框中查看 Photoshop 的专利和法律声明。

1.6.4　Photoshop 帮助文件和支持中心

Adobe 提供了描述 Photoshop 软件功能的帮助文件。单击【帮助】主菜单，在弹出的

菜单中选择【Photoshop 联机帮助】菜单项或【Photoshop 支持中心】菜单项，可以连接到 Adobe 网站的帮助社区查看帮助文件，如图 1-37 所示。

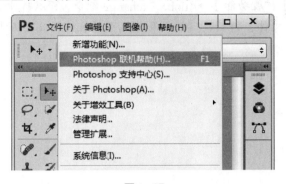

图 1-37

Photoshop 帮助文件还包含 Creative Cloud 教学课程资料库。单击链接地址，可在线观看由 Adobe 专家录制的各种 Photoshop 功能的演示视频，学习其中的技巧和特定的工作流程，还可以获取最新的产品信息、培训、咨询、Adobe 活动和研讨会的邀请函，以及附赠的安装支持、升级通知和其他服务等。

Section
1.7　有问必答

1. 如何更新 Adobe ID?

注册 Adobe ID 之后，如果想要更新用户信息，可以执行【帮助】→【完成】→【更新 Adobe 配置文件】命令，链接到 Adobe 网站，输入 Adobe ID 登录个人账户后进行操作。

2. 如何注销 Adobe ID?

Photoshop CC 是基于云服务下的新软件平台，用户可以在不同的平台上进行工作。例如可以在家中的计算机和办公室中的计算机上使用 Photoshop CC。如果要在第三台计算机上使用 Photoshop CC，则必须首先在前两台计算机中的一台上注销该应用程序。执行【帮助】→【注销(Adobe ID)】命令即可注销 Adobe ID。

3. 如何查看 Photoshop CC 的产品改进计划?

如果用户对 Photoshop 今后版本的发展方向有好的想法和建议，可以执行【帮助】→【Adobe 产品改进计划】命令，参与 Adobe 产品改进计划。

4. 如何查看 Photoshop CC 的增效工具?

Photoshop 提供了开放的接口，允许用户将其他软件厂商或个人开发的滤镜以插件的形式安装在 Photoshop 中。执行【帮助】→【关于增效工具】命令，可以查看 Photoshop 中安装了哪些插件。

Photoshop CC中文版图像处理

5. 如何下载 Photoshop CC 的扩展程序、动作文件？

执行【帮助】→【扩展功能】→Adobe Exchange 命令，可以打开 Adobe Exchange 面板，下载扩展程序、动作文件、脚本、模板以及其他可扩展的 Adobe 应用程序项目。

第 2 章

文 件 操 作

- ❖ 新建与保存图像文件
- ❖ 打开与关闭图像文件
- ❖ 查看图像
- ❖ 置入文件
- ❖ 专题课堂——导入与导出文件

本章要点

本章主要介绍了新建与保存图像文件、打开与关闭图像文件、查看图像、置入文件和导入与导出文件方面的知识与技巧，在本章的最后还针对实际工作需求，讲解了自定义菜单命令的颜色、自定义工作区和自定义命令快捷键的方法。通过本章的学习，读者可以掌握使用 Photoshop 操作文件方面的知识，为深入学习 Photoshop CC 知识奠定基础。

本章主要内容

Photoshop CC 中文版图像处理

Section 2.1 新建与保存图像文件

导读　　在使用 Photoshop CC 进行图像编辑之前，用户首先需要掌握新建与保存文件的操作方法，以便用户可以对图像进行编辑操作。本节将重点介绍新建与保存图像文件的方法。

2.1.1 新建空白图像文件

微课堂 00分28秒

在 Photoshop CC 中，用户可以根据编辑图像的需要，创建一个新的空白图像文件，下面介绍新建图像文件的方法。

操作步骤 >> **Step by Step**

第1步　　启动 Photoshop CC 程序，**1.** 单击【文件】主菜单，**2.** 在弹出的菜单中选择【新建】菜单项，如图 2-1 所示。

图 2-1

第3步　　通过以上方法即可完成创建一个空白图像文件的操作，如图 2-3 所示。

图 2-3

第2步　　弹出【新建】对话框，**1.** 在【名称】文本框中输入名称，**2.** 在【宽度】和【高度】文本框中输入数值，**3.** 单击【确定】按钮，如图 2-2 所示。

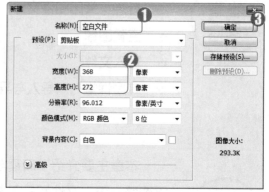

图 2-2

■ 指点迷津

除了使用【文件】菜单创建空白文档之外，用户还可以按 Ctrl+N 组合键，同样可以弹出【新建】对话框。

2.1.2 保存图像文件

微课堂
00 分 34 秒

使用 Photoshop CC 绘制或编辑图像后，用户应将其及时保存，这样可以避免文件丢失。下面介绍保存编辑后的图像文件的方法。

操作步骤 >> Step by Step

第 1 步 在 Photoshop CC 中完成对文件的编辑操作后，*1.* 单击【文件】主菜单，*2.* 在弹出的菜单中选择【存储】菜单项，如图 2-4 所示。

图 2-4

第 2 步 弹出【另存为】对话框，*1.* 选择文件的保存位置，*2.* 在【文件名】下拉列表框中输入文件名，*3.* 在【保存类型】下拉列表框中选择保存格式，*4.* 单击【保存】按钮即可完成操作，如图 2-5 所示。

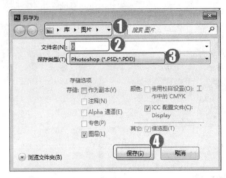

图 2-5

知识拓展

当打开一个图像文件并对其进行编辑之后，可以执行【文件】→【存储】命令，保存所做修改。如果这是一个新建的文件，则执行该命令会打开【存储为】对话框。

Section 2.2 打开与关闭图像文件

导读

要在 Photoshop CC 中编辑一个图像文件，先要将其打开；完成编辑后，要将文件关闭。本节将重点介绍打开与关闭图像文件的知识。

2.2.1 使用【打开】命令打开文件

微课堂
00 分 22 秒

在 Photoshop CC 中，用户可以使用【打开】命令快速打开准备编辑的图像文件，下面

Photoshop CC 中文版图像处理

介绍用【打开】命令打开文件的方法。

操作步骤 >> Step by Step

第1步 启动 Photoshop CC 程序，**1.** 单击【文件】主菜单，**2.** 在弹出的菜单中选择【打开】菜单项，如图 2-6 所示。

图 2-6

第2步 弹出【打开】对话框，**1.** 在查找范围下拉列表框中，选择图像文件存放的位置，**2.** 在【图片库】区域中，选择准备打开的图像文件，**3.** 单击【打开】按钮，如图 2-7 所示。

图 2-7

第3步 通过以上操作方法即可完成使用【打开】命令打开图像文件的操作，如图 2-8 所示。

图 2-8

2.2.2 使用【打开为】命令打开文件

微课堂
00分24秒

　　如果使用与文件的实际格式不匹配的扩展名存储文件，或者文件没有扩展名，则 Photoshop 可能无法确定文件的正确格式，导致不能打开文件。遇到这种情况，可以使用【打开为】命令打开需要指定特定文件格式的文件。下面介绍使用【打开为】命令打开文件的操作方法。

操作步骤 >> Step by Step

第1步 启动 Photoshop CC 程序，**1.** 单击【文件】主菜单，**2.** 在弹出的菜单中选择【打开为】菜单项，如图 2-9 所示。

图 2-9

第2步 弹出【打开】对话框，**1.** 选择文件存放的磁盘位置，**2.** 选中准备打开的图像文件，**3.** 单击【打开】按钮，如图 2-10 所示。

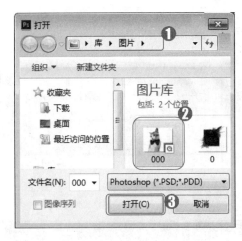

■ 指点迷津

在 Mac OS 和 Windows 系统之间传递文件时可能会导致文件格式有误。

图 2-10

第3步 通过以上操作即可完成使用【打开为】命令打开图像的操作，如图 2-11 所示。

图 2-11

2.2.3 使用【关闭】命令关闭文件

微课堂
00分14秒

在 Photoshop CC 中当图像编辑完成后，用户可以将不需要编辑的图像关闭，这样可以节省软件的缓存空间。下面介绍使用【关闭】命令关闭图像文件的操作方法。

⊙ 知识拓展

如果在 Photoshop 中打开了多个文件，执行【文件】→【关闭全部】命令即可关闭所有文件；执行【文件】→【关闭并转到 Bridge】命令，可以关闭当前文件，然后打开 Bridge；执行【文件】→【退出】命令即可关闭文件并退出 Photoshop。

Photoshop CC 中文版图像处理

操作步骤 >> **Step by Step**

第1步 在 Photoshop CC 中打开图像文件，**1.** 单击【文件】主菜单，**2.** 在弹出的菜单中选择【关闭】菜单项，如图 2-12 所示。

图 2-12

第2步 通过以上操作方法即可完成使用【关闭】命令关闭图像文件的操作，如图 2-13 所示。

图 2-13

Section 2.3 查看图像

导读 在 Photoshop CC 中，查看图像文件的细节可以方便用户对图像的局部或整体进行处理和编辑。本节将重点介绍查看图像文件细节方面的知识。

2.3.1 使用【导航器】面板查看图像

在 Photosho CC 中，使用【导航器】面板对图像进行查看，用户可以快速选择准备查看的图像部分。下面介绍使用【导航器】面板查看图像的方法。

操作步骤 >> **Step by Step**

第1步 在 Photoshop CC 中打开图像文件，**1.** 单击【窗口】主菜单，**2.** 在弹出的菜单中选择【导航器】菜单项，如图 2-14 所示。

第2步 在预览窗口中，将鼠标拖动到准备查看的图像部分并单击，在文档窗口中图像被放大，如图 2-15 所示。

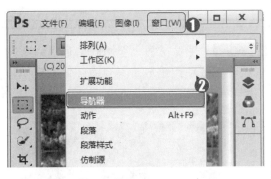

图 2-14

图 2-15

2.3.2　使用抓手工具查看图像

在 Photoshop CC 中图像被放大后，用户可以使用抓手工具查看图像的局部区域。下面介绍使用抓手工具查看图像的方法。

操作步骤　>>　Step by Step

第 1 步　在 Photoshop CC 中打开图像文件，**1.** 在工具箱中单击【抓手工具】按钮，**2.** 在文档窗口中单击并拖动图像文件，如图 2-16 所示。

第 2 步　通过以上方法即可完成使用抓手工具查看图像的操作，如图 2-17 所示。

图 2-16

图 2-17

2.3.3　使用缩放工具查看图像

在 Photoshop CC 中，如果想查看图像文件中的某个部分，用户可以使用缩放工具对图像文件进行放大或缩小。下面介绍使用缩放工具放大和缩小查看图像的方法。

Photoshop CC 中文版图像处理

操作步骤 >> **Step by Step**

第1步 在 Photoshop CC 中打开图像文件，**1.** 在工具箱中单击【缩放工具】按钮 ，**2.** 在图像文件中单击准备放大查看的图像，如图 2-18 所示。

图 2-18

第2步 图像被放大至 100%，通过以上方法即可完成使用缩放工具查看图像的操作，如图 2-19 所示。

图 2-19

2.3.4 用旋转视图工具旋转画布

微课堂
00 分 18 秒

旋转画布命令可以旋转或翻转整个图像。旋转画布的操作非常简单，下面详细介绍旋转画布的操作方法。

操作步骤 >> **Step by Step**

第1步 在 Photoshop CC 中打开图像文件，**1.** 单击【图像】主菜单，**2.** 在弹出的菜单中选择【图像旋转】菜单项，**3.** 在弹出的子菜单中选择【水平翻转画布】菜单项，如图 2-20 所示。

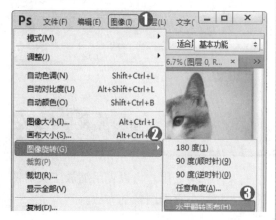

图 2-20

第2步 通过以上方法即可完成用旋转视图工具旋转画布的操作，如图 2-21 所示。

图 2-21

2.3.5 在不同的屏幕模式下工作

单击工具箱底部的【屏幕模式】按钮，可以显示一组用于切换屏幕模式的按钮，包括【标准屏幕模式】按钮、【带有菜单栏的全屏模式】按钮和【全屏模式】按钮。下面详细介绍这几种屏幕模式的样式。

➢ 【标准屏幕模式】按钮：默认的屏幕模式，可以显示菜单栏、标题栏、滚动条和其他屏幕元素，如图 2-22 所示。

图 2-22

➢ 【带有菜单栏的全屏模式】按钮：显示有菜单栏和 50% 灰色背景，无标题栏和滚动条的全屏窗口，如图 2-23 所示。

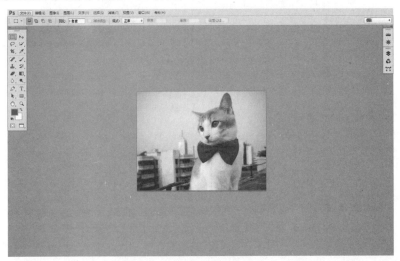

图 2-23

➢ 【全屏模式】按钮：显示黑色背景，无标题栏、菜单栏和滚动条的全屏窗口，如图 2-24 所示。

Photoshop CC 中文版图像处理

图 2—24

 知识拓展

按下 F 键可以在各个屏幕模式之间切换，按下 Tab 键可以隐藏或显示工具箱、面板和工具选项栏；按下 Shift+Tab 组合键可以隐藏或显示面板；按下 Esc 键可以退出全屏模式。

2.3.6　在多个窗口中查看图像

如果同时打开了多个图像文件，可以通过【窗口】菜单下的【排列】菜单项中的命令控制各个文档窗口的排列方式，如图 2-25 所示。

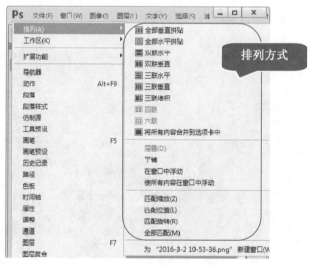

图 2—25

➤ 【层叠】子菜单项：从屏幕的左上角到右下角以堆叠和层叠的方式显示停放的窗口。

➤ 【平铺】子菜单项：以边靠边的方式显示窗口。关闭一个图像时，其他窗口会自动调整大小，以填满可用空间。

> ➤ 【匹配缩放】子菜单项：将所有窗口都匹配到与当前窗口相同的缩放比例，例如当前窗口的缩放比例为 100%，另外一个窗口的缩放比例为 50%，选择该子菜单项后，该窗口的显示比例会自动调整到 100%。

> ➤ 【匹配位置】子菜单项：将所有窗口中的图像显示位置都匹配到与当前窗口相同。

> ➤ 【匹配旋转】子菜单项：将所有窗口中画布的旋转角度都匹配到与当前窗口相同。

> ➤ 【在窗口中浮动】子菜单项：允许图像自由浮动(可拖曳标题栏移动窗口)。

> ➤ 【使所有内容在窗口中浮动】子菜单项：使所有文档窗口都浮动。

> ➤ 【将所有内容合并到选项卡中】子菜单项：如果想要恢复默认的视图状态即全屏显示一个图像，其他图像最小化到选项卡中，可以选择该子菜单项。

Section 2.4 置入文件

置入文件是指打开一个图像文件后，将另一个图像文件直接置入到当前打开的图像文件当中，方便用户对当前图像和置入图像进行结合编辑的操作。本节将重点介绍置入图像文件方面的知识。

2.4.1 置入嵌入的智能对象

微课堂
00 分 27 秒

智能对象是一个嵌入到当前文档中的文件，它可以包含图像，也可以包含在 Illustrator 中创建的矢量图形。智能对象与普通图层的区别在于，它能够保留对象的源内容和所有的原始特征，因此，在 Photoshop CC 中处理智能对象时，不会直接应用到对象的原始数据。这是一种非破坏性的编辑功能。

智能对象可以生成多个副本，对原始内容进行编辑以后，所有与之链接的副本都会自动更新。应用于智能对象的所有滤镜都是智能滤镜，智能滤镜可以随时修改参数或者撤销，并且不会对图像造成任何破坏。

在 Photoshop CC 中置入嵌入的智能对象的方法非常简单。下面详细介绍在 Photoshop CC 中置入嵌入的智能对象的操作方法。

操作步骤 >> Step by Step

第 1 步 打开图像文件，**1.** 单击【文件】主菜单，**2.** 在弹出的菜单中选择【置入嵌入的智能对象】菜单项，如图 2-26 所示。

第 2 步 弹出【置入嵌入对象】对话框，**1.** 选择文件所在的位置，**2.** 选中 eps 文件，**3.** 单击【置入】按钮，如图 2-27 所示。

Photoshop CC中文版图像处理

图 2-26

第3步　通过以上方法即可完成置入 eps 格式文件的操作，如图 2-28 所示。

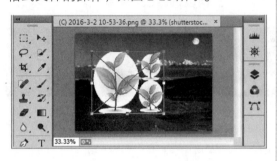

图 2-28

图 2-27

■ 指点迷津

将多个图层内容创建为一个智能对象后，可以简化【图层】面板中的图层结构。

2.4.2　置入链接的智能对象

微课堂
00分26秒

在 Photoshop CC 中，还可以创建从外部图像文件引用其内容链接的智能对象。当来源图像文件更改时，链接智能对象的内容也会更新。例如，在 Photoshop CC 中置入 AI 文件后，用 Illustrator 修改源文件时，Photoshop CC 中的图像也会自动更新到修改后的状态。

Section 2.5　专题课堂——导入与导出文件

导读

在 Photoshop CC 中，用户还可以根据需要导入和导出文件，本节将详细介绍导入与导出文件的相关知识。

2.5.1　导入文件

微课堂
00分17秒

Photoshop 可以编辑变量数据组、视频帧到图层、注释和 WIA 支持内容等，当新建或

打开图像文件后，可以通过【文件】菜单下的【导入】菜单项将这些内容导入到 Photoshop
中进行编辑，如图 2-29 所示。

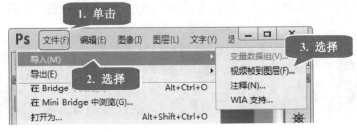

图 2-29

将数码相机与计算机连接，在 Photoshop 中单击【文件】主菜单，在弹出的菜单中选
择【导入】菜单项，再在弹出的子菜单中选择【WIA 支持】菜单项，即可将照片导入到
Photoshop 中。

 专家解读

如果计算机配置有扫描仪并安装了相关的软件，则可以在【导入】菜单中选择扫描仪
名称，使用扫描仪制作商的软件扫描图像，并将其存储为 TIFF、PICT、BMP 格式，然后
在 Photoshop 中打开这些图像。

2.5.2　导出文件

在 Photoshop 中创建和编辑好图像后，可以将其导出到 Illustrator 或视频设备中。单击
【文件】主菜单，在弹出的菜单中选择【导出】菜单项，可以在弹出的子菜单中选择一些
导出类型，如图 2-30 所示。

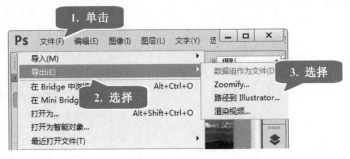

图 2-30

【导出】子菜单中各菜单项的含义如下。

➢ 【数据组作为文件】菜单项：可以按批处理模式使用数据组值将图像输出为 PSD
   文件。

➢ Zoomify 菜单项：可以将高分辨率的图像发布到 Web 上，利用 Viewpoint Media
   Player，用户可以平移或缩放图像以查看它的不同部分。在导出时，Photoshop 会
   创建 JPG 和 HTML 文件，用户可以将这些文件上传到 Web 服务器。

Photoshop CC 中文版图像处理

➢ 【路径到 Illustrator】菜单项：将路径导出为 AI 格式，在 Illustrator 中可以继续对路径进行编辑。

➢ 【渲染视频】菜单项：可以将视频导出为 QuickTime 影片。在 Photoshop CC 中，还可以将时间轴动画与视频图层一起导出。

Section
2.6 实践经验与技巧

 在本节的学习过程中，将侧重介绍与本章知识点有关的实践经验与技巧，主要内容包括自定义菜单命令的颜色、自定义工作区和自定义命令快捷键等方面的知识与操作技巧。

2.6.1　自定义菜单命令的颜色

微课堂
00 分 34 秒

对于初级用户来说，全部为单一颜色的菜单命令可能不够醒目。在 Photoshop 中，用户可以为一些常用的命令自定义一个颜色，这样可以快速查找到它们。下面介绍自定义菜单命令颜色的方法。

操作步骤 >> Step by Step

第1步　启动 Photoshop CC 程序，**1.** 单击【编辑】主菜单，**2.** 在弹出的菜单中选择【菜单】菜单项，如图 2-31 所示。

第2步　弹出【键盘快捷键和菜单】对话框，**1.** 切换到【菜单】选项卡，**2.** 单击【图像】下拉按钮，**3.** 在展开的列表中选中【灰度】选项，**4.** 单击【无】下拉列表按钮，在下拉列表中选择【红色】选项，**5.** 单击【确定】按钮，如图 2-32 所示。

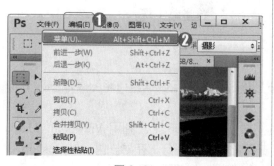

图 2-31

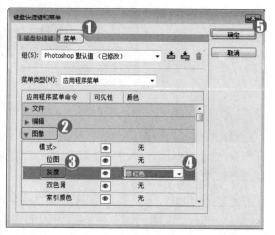

图 2-32

第3步　通过上述操作即可完成自定义菜单命令颜色的操作，如图 2-33 所示。

图 2-33

2.6.2　自定义工作区

在进行一些操作时，部分面板几乎是用不到的，而操作窗口中存在过多的面板会大大影响操作的空间，从而影响工作效率，用户可以定义一个适合自己的工作区。下面介绍自定义工作区的方法。

一点即通

如果要存储对当前菜单组所做的所有更改，需要在【键盘快捷键和菜单】对话框中单击【存储对当前菜单组的所有更改】按钮。

操作步骤　>>　**Step by Step**

第1步　在 Photoshop CC 中打开图像文件，*1.* 单击【窗口】主菜单，*2.* 在弹出的菜单中关闭不需要的面板，只保留【图层】、【历史记录】、【选项】和【工具】菜单项，如图 2-34 所示。

第2步　再次单击【窗口】主菜单，*1.* 在弹出的菜单中选择【工作区】菜单项，*2.* 在弹出的子菜单中选择【新建工作区】菜单项，如图 2-35 所示。

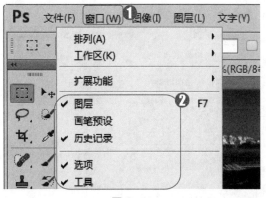

图 2-34

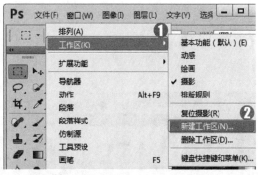

图 2-35

Photoshop CC 中文版图像处理

第3步 弹出【新建工作区】对话框，**1.** 在【名称】文本框中输入名称，**2.** 单击【存储】按钮，如图 2-36 所示。

第4步 再次单击【窗口】主菜单，**1.** 在弹出的菜单中选择【工作区】菜单项，**2.** 在弹出的子菜单中即可看到新建的工作区，如图 2-37 所示。

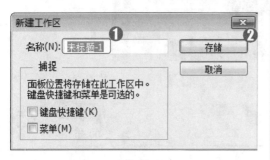

图 2-36

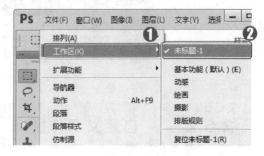

图 2-37

2.6.3 自定义命令快捷键

微课堂
00 分 37 秒

在 Photoshop 中，用户可以对默认的快捷键进行更改，也可以为没有配置快捷键的常用命令和工具设置一个快捷键，这样可以大大提高工作效率。下面详细介绍自定义命令快捷键的方法。

操作步骤 >> Step by Step

第1步 启动 Photoshop CC 程序，**1.** 单击【编辑】主菜单，**2.** 在弹出的菜单中选择【键盘快捷键】菜单项，如图 2-38 所示。

第2步 弹出【键盘快捷键和菜单】对话框，**1.** 切换到【键盘快捷键】选项卡，**2.** 单击【图像】下拉按钮，**3.** 在展开的列表中选择【位图】选项，此时会出现一个用于定义快捷键的文本框，在文本框中输入快捷键，**4.** 单击【确定】按钮，如图 2-39 所示。

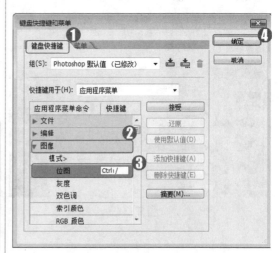

图 2-38

图 2-39

第 3 步 通过上述操作即可完成自定义快捷键的操作，如图 2-40 所示。

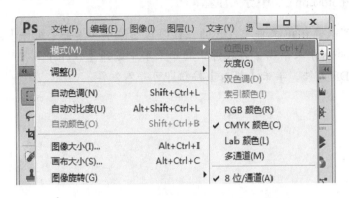

图 2-40

➡ **一点即通**

在为命令配置快捷键时，只能在键盘上进行操作，不能手动输入，因为 Photoshop 目前还不支持手动输入功能。

Section 2.7 有问必答

1. **如何管理 Photoshop 的预设工具？**

单击【编辑】主菜单，在弹出的菜单中选择【预设】菜单项，再在弹出的子菜单中选择【预设管理器】菜单项，打开【预设管理器】对话框，其中可以对 Photoshop 自带的预设画笔、色板、渐变、样式、图案、等高线、自定形状和预设工具等进行管理。

2. **如何更改 Photoshop 界面的颜色方案？**

单击【编辑】主菜单，在弹出的菜单中选择【首选项】菜单项，打开【首选项】对话框，切换到【界面】选项卡，在【外观】组中选择适合自己的颜色方案即可。

3. **如何显示画布之外的图像？**

单击【图像】主菜单，在弹出的菜单中选择【显示全部】菜单项，Photoshop 会通过判断图像中像素的位置自动扩大画布，显示全部图像。

4. **在 Photoshop CC 中，如何恢复文件？**

单击【文件】主菜单，在弹出的菜单中选择【恢复】菜单项，可以将文件恢复到最后一次保存时的状态。

5. 如何在 Photoshop CC 中导入注释?

Photoshop 可以将 PDF 文件中包含的注释导入图像中。单击【文件】主菜单, 在弹出的菜单中选择【导入】菜单项, 再在弹出的子菜单中选择【注释】菜单项, 打开【载入】对话框, 选择 PDF 文件, 单击【载入】按钮即可导入注释。

第3章

图像操作

- ❖ 像素与分辨率
- ❖ 图像尺寸和画布大小
- ❖ 剪切、拷贝和粘贴图像
- ❖ 裁剪和裁切图像
- ❖ 图像的变换与变形操作
- ❖ 专题课堂——【历史记录】面板

本章要点

本章主要内容

本章主要介绍了像素与分辨率，图像尺寸和画布大小，剪切、拷贝和粘贴图像，裁剪和裁切图像，图像的变换与变形操作以及【历史记录】面板方面的知识与技巧，在本章的最后还针对实际工作需求，讲解了变形、旋转画布、清理内存等操作的方法。通过本章的学习，读者可以掌握图像操作方面的知识，为深入学习 Photoshop CC 知识奠定基础。

Photoshop CC 中文版图像处理

Section
3.1 像素与分辨率

导读 在 Photoshop CC 中，修改图像像素的大小可以更改图像的大小，而修改图像的分辨率则可以使图像打印时不失真。本节将重点介绍设置图像像素与分辨率方面的知识。

3.1.1 修改图像像素

微课堂 00分27秒

在 Photoshop CC 中，用户可以通过修改图像像素的方法来更改图像的大小，以便用户对图像文件进行编辑或保存。下面详细介绍修改图像像素的方法。

操作步骤 >> **Step by Step**

第1步 在 Photoshop CC 中打开图像文件，*1.* 单击【图像】主菜单，*2.* 在弹出的菜单中选择【图像大小】菜单项，如图 3-1 所示。

第2步 弹出【图像大小】对话框，*1.* 在【调整为】下拉列表框中选择一个选项，*2.* 单击【确定】按钮即可完成修改图像像素的操作，如图 3-2 所示。

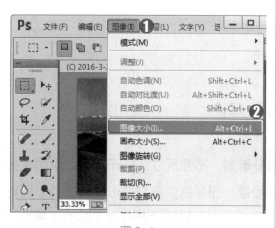

图 3-1

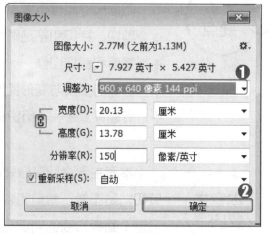

图 3-2

3.1.2 设置图像分辨率

微课堂 00分22秒

分辨率是指位图图像中的细节精细度，测量单位是像素/英寸(ppi)，每英寸的像素越多，则分辨率越高。一般来说，图像的分辨率越高，印刷出来的质量就越好。下面介绍设置图

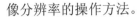

像分辨率的操作方法。

操作步骤 >> Step by Step

<u>第1步</u> 在 Photoshop CC 中打开图像文件，**1.** 单击【图像】主菜单，**2.** 在弹出的菜单中选择【图像大小】菜单项，如图 3-3 所示。

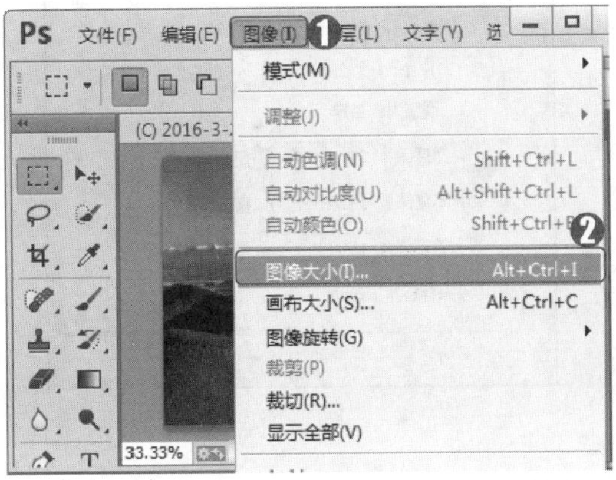

<u>第2步</u> 弹出【图像大小】对话框，**1.** 在【分辨率】文本框中输入新的图像分辨率数值，**2.** 单击【确定】按钮即可完成修改图像分辨率的操作，如图 3-4 所示。

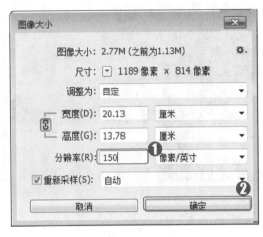

图 3-3

图 3-4

知识拓展

分辨率高的图像包含更多的细节。不过，如果一个图像的分辨率较低，细节也模糊，即便提高它的分辨率也不会使其变得更清晰。这是因为 Photoshop 只能在原始数据的基础上进行调整，无法生成新的数据。

Section 3.2 图像尺寸和画布大小

导读

用户可以根据修改的尺寸打印图像，而通过修改画布大小则可以将图像填充至更大的编辑区域中，从而更好地执行用户的编辑操作。本节将重点介绍设置图像尺寸和画布大小方面的知识和技巧。

3.2.1 调整图像尺寸

微课堂
00分22秒

在 Photoshop CC 中，用户可以对图像尺寸进行详细设置，下面介绍修改图像尺寸大小

Photoshop CC 中文版图像处理

的方法。

操作步骤 >> Step by Step

第1步 在 Photoshop CC 中打开图像文件，**1.** 单击【图像】主菜单，**2.** 在弹出的菜单中选择【图像大小】菜单项，如图 3-5 所示。

第2步 弹出【图像大小】对话框，**1.** 在【宽度】和【高度】文本框中输入数值，**2.** 单击【确定】按钮即可完成调整图像尺寸的操作，如图 3-6 所示。

图 3-5

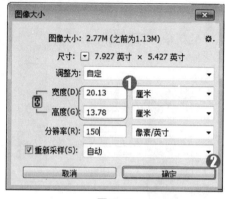

图 3-6

3.2.2 修改画布大小

微课堂 00 分 26 秒

在 Photoshop CC 中，用户可以对图像画布的大小进行详细设置，下面介绍修改图像画布大小的方法。

操作步骤 >> Step by Step

第1步 在 Photoshop CC 中打开图像文件，**1.** 单击【图像】主菜单，**2.** 在弹出的菜单中选择【画布大小】菜单项，如图 3-7 所示。

第2步 弹出【画布大小】对话框，**1.** 在【宽度】和【高度】文本框中输入数值，**2.** 单击【确定】按钮即可完成修改画布大小的操作，如图 3-8 所示。

图 3-7

图 3-8

知识拓展

在【画布大小】对话框中，【当前大小】区域显示了图像高度和宽度的实际尺寸和文档的实际大小；【新建大小】区域的【宽度】和【高度】文本框用来输入画布的新尺寸；选中【相对】复选框，【宽度】和【高度】文本框中的数值将代表实际增加或减少的区域大小，而不再代表整个文档的大小。

Section
3.3 剪切、拷贝和粘贴图像

在 Photoshop CC 中，用户可以对图像进行剪切与粘贴、拷贝与合并拷贝、清除图像等操作。本节将重点介绍拷贝图像与粘贴图像的方法。

3.3.1 剪切与粘贴

微课堂
00分22秒

剪切是指不保留原有图像，直接将图像从一个位置移动到另一个位置，下面介绍使用剪切与粘贴功能的操作方法。

操作步骤 >> Step by Step

第1步 在 Photoshop CC 中打开图像文件，1. 将需要剪切图像的选区选中，2. 单击【编辑】主菜单，3. 在弹出的菜单中选择【剪切】菜单项，如图 3-9 所示。

第2步 图像中被选中的区域已被剪切，1. 再次单击【编辑】主菜单，2. 在弹出的菜单中选择【粘贴】菜单项，如图 3-10 所示。

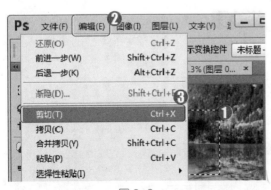
图 3-9

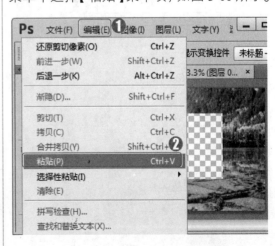
图 3-10

Photoshop CC 中文版图像处理

第 3 步 通过以上操作方法即可完成剪切与粘贴图像的操作，如图 3-11 所示。

图 3-11

■ 指点迷津

选中准备剪切的区域后，除了使用【编辑】菜单进行剪切操作外，还可以按下 Ctrl+X 组合键进行剪切操作，再按下 Ctrl+V 组合键即可完成粘贴。

3.3.2 拷贝与合并拷贝

微课堂 00分47秒

拷贝是指在保留原有图像的基础上，创建另一个图像副本，下面介绍使用拷贝功能的操作方法。

操作步骤 >> Step by Step

第 1 步 在 Photoshop CC 中打开图像文件，*1.* 将需要拷贝图像的选区选中，*2.* 单击【编辑】主菜单，*3.* 在弹出的菜单中选择【拷贝】菜单项，如图 3-12 所示。

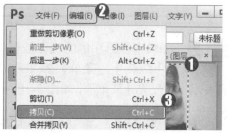

图 3-12

第 2 步 选中的区域已被拷贝，*1.* 再次单击【编辑】主菜单，*2.* 在弹出的菜单中选择【粘贴】菜单项，如图 3-13 所示。

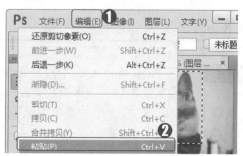

图 3-13

第 3 步 通过以上方法即可完成拷贝图像的操作，如图 3-14 所示。

图 3-14

第 4 步 按 Ctrl+A 组合键将图像全选，*1.* 单击【编辑】主菜单，*2.* 在弹出的菜单中选择【合并拷贝】菜单项，如图 3-15 所示。

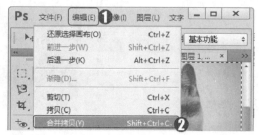

图 3-15

第 5 步　按 Ctrl+V 组合键即可将合并拷贝的图像粘贴到当前文档，如图 3-16 所示。

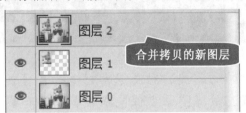

图 3-16

■ **指点迷津**

选中准备合并拷贝的区域后，除了使用【编辑】菜单进行合并拷贝操作外，还可以按下 Shift+Ctrl+C 组合键进行合并拷贝操作，再按下 Ctrl+V 组合键即可完成粘贴。

3.3.3　清除图像

微课堂
00 分 14 秒

在 Photoshop CC 中，用户可以快速将不再准备使用的图像区域清除，下面介绍清除图像的方法。

操作步骤 >> Step by Step

第 1 步　在 Photoshop CC 中选中准备清除的图像选区，*1.* 单击【编辑】主菜单，*2.* 在弹出的菜单中选择【清除】菜单项，如图 3-17 所示。

图 3-17

第 2 步　通过以上方法即可完成清除图像的操作，如图 3-18 所示。

图 3-18

⚙ **知识拓展**

当选中的图层为包含选区状态下的普通图层，那么单击【编辑】主菜单，在弹出的菜单中选择【清除】菜单项，可以清除选区中的图像。如果选中背景图层时，被清除的区域将填充背景色。

Photoshop CC 中文版图像处理

Section
3.4
裁剪和裁切图像

导读 用户可以根据图像编辑操作的需要，对图像素材进行裁剪，以便对图像的尺寸进行精确设置，裁剪图像文件包括裁剪工具和裁切工具等。本节将重点介绍裁剪图像与裁切图像方面的知识。

3.4.1 裁剪图像

微课堂
00 分 21 秒

裁剪是指移去部分图像，以突出或加强构图效果的过程。使用裁剪工具可以裁剪多余的图像，并重新定义画布的大小。下面详细介绍裁剪图像的操作方法。

操作步骤 >> **Step by Step**

第1步 在 Photoshop CC 中打开图像文件，**1.** 在工具箱中单击【裁剪工具】按钮 ，**2.** 在【裁剪工具】选项栏中，设置裁剪的高度和宽度值，**3.** 在文档窗口中绘制出裁剪区域，如图 3-19 所示。

第2步 按下 Enter 键，在文档窗口中图像已经按照设定的尺寸进行裁剪。通过以上操作方法即可完成裁剪图像的操作，如图 3-20 所示。

图 3-19   图 3-20

3.4.2 裁切图像

微课堂
00 分 20 秒

使用【裁切】命令可以基于像素的颜色来裁剪图像，【裁切】命令可以对没有背景图层的图像进行快速裁切，这样可以将图像中的透明区域清除。裁切图像的方法非常简单，下面详细介绍裁切图像的操作方法。

操作步骤 >> **Step by Step**

第1步 在 Photoshop CC 中打开图像文件，**1.** 单击【图像】主菜单，**2.** 在弹出的菜单中选择【裁切】菜单项，如图3-21所示。

图 3-21

第3步 通过以上方法即可完成裁切图像的操作，如图3-23所示。

图 3-23

第2步 弹出【裁切】对话框，**1.** 选中【右下角像素颜色】单选按钮，**2.** 单击【确定】按钮，如图3-22所示。

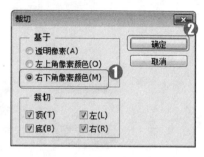

图 3-22

■ **指点迷津**

在【裁切】对话框中，【透明像素】单选按钮可以裁剪掉图像边缘的透明区域，只将非透明像素区域的最小图像保留下来。该选项只有在图像中存在透明区域时才可用。

 知识拓展

在【裁切】对话框中，选中【左上角像素颜色】单选按钮可以从图像中删除左上角像素颜色的区域；选中【右下角像素颜色】单选按钮可以从图像中删除右下角像素颜色的区域。

Section
3.5 图像的变换与变形操作

 在 Photoshop CC 中，图像的变换与变形包括移动、旋转、缩放、斜切、扭曲和透视变换等。本节将重点介绍图像的变换与变形操作方面的知识。

3.5.1 定界框、中心点和控制点

00分36秒

在 Photoshop CC 中，单击【编辑】主菜单，在弹出的菜单中选择【自由变换】菜单项，

Photoshop CC 中文版图像处理

可以对当前图像进行变换操作，按 Ctrl+T 组合键也可以实现自由变换的操作。

当执行【自由变换】命令时，当前图像对象会显示出定界框、中心点和控制点，如图 3-24 所示，下面介绍定界框、中心点和控制点方面的知识。

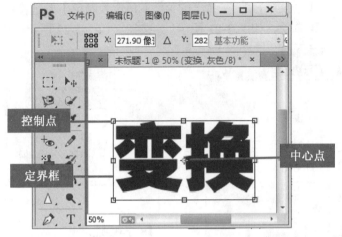

图 3-24

➢ 控制点：位于图像的四个顶点及定界框中心处，拖动控制点可以改变图像的形状。
➢ 中心点：位于对象的中心，它用于定义对象的变换中心，拖动中心点可以移动它的位置。
➢ 定界框：用于区别上、下、左和右各个方向。

3.5.2 移动图像

微课堂 00 分 21 秒

移动图像是指移动图层上的图像对象，在进行移动图像的操作时，需要先选择移动工具，下面介绍移动图像的操作方法。

操作步骤 >> Step by Step

第1步 在 Photoshop CC 中打开图像文件，在左侧的工具箱中单击【移动工具】按钮，如图 3-25 所示。

第2步 单击图像并向右上方拖动鼠标至合适位置释放鼠标，通过以上方法即可完成移动图像的操作，如图 3-26 所示。

图 3-25

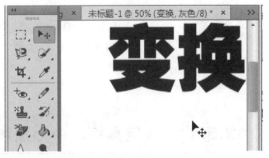

图 3-26

3.5.3 旋转与缩放

在 Photoshop CC 中，用户可以使用【旋转】命令对图像进行旋转修改，以满足绘制图像的需要，下面介绍旋转与缩放图像的方法。

操作步骤 >> Step by Step

第1步 在 Photoshop CC 中打开图像文件，*1.* 单击【编辑】主菜单，*2.* 在弹出的菜单中选择【自由变换】菜单项，如图 3-27 所示。

第2步 图像上出现定界框、中心点和控制点，右键单击图像文件，在弹出的快捷菜单中选择【旋转】菜单项，如图 3-28 所示。

图 3-27

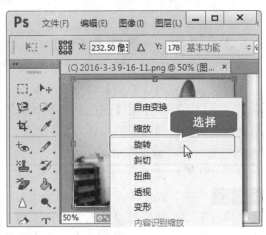

图 3-28

第3步 将光标定位在定界框外靠近上方处，当光标变成 ↰ 形状时，单击并拖动鼠标对图像进行旋转操作，如图 3-29 所示。

第4步 将光标定位在控制点上，当光标变成 ↔ 形状时，单击并拖动鼠标对图像进行缩放操作，如图 3-30 所示。

图 3-29

图 3-30

第5步 通过以上操作即可完成旋转与缩放的操作，如图 3-31 所示。

Photoshop CC中文版图像处理

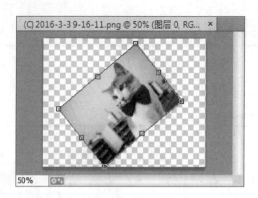

图 3-31

3.5.4　斜切与扭曲

微课堂　00分52秒

用户可以使用【斜切】命令对图像进行修改，这样图像可以按照垂直方向或水平方向倾斜；用户还可以使用【扭曲】命令对图像进行修改，这样图像可以向各个方向伸展。下面介绍斜切与扭曲图像的操作方法。

操作步骤　>>　Step by Step

第1步　按下 Ctrl+T 组合键，图像上出现定界框、中心点和控制点，右键单击图像文件，在弹出的快捷菜单中选择【斜切】菜单项，如图 3-32 所示。

第2步　将光标定位在控制点上，此时光标变成 形状，单击并拖动鼠标对图像进行斜切操作，如图 3-33 所示。

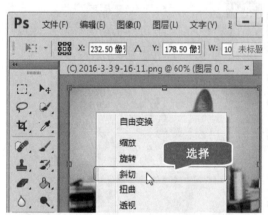

图 3-32

图 3-33

第3步　按下 Ctrl+Z 组合键取消斜切操作，返回到自由变换步骤，右键单击图像文件，在弹出的快捷菜单中选择【扭曲】菜单项，如图 3-34 所示。

第4步　将光标定位在控制点上，此时光标变成 形状，单击并向下拖动鼠标对图像进行扭曲操作，如图 3-35 所示。

图 3-34

图 3-35

3.5.5 精确变换

微课堂
00 分 24 秒

用户还可以对图像进行输入具体数值的精确变换，对图像进行精确变换的方法非常简单，下面详细介绍对图像进行精确变换的操作方法。

操作步骤 >> Step by Step

第1步 在 Photoshop CC 中打开图像文件，按下组合键 Ctrl+T，在图像中出现定界框、中心点和控制点，在工具选项栏中的 X 和 Y 文本框中输入数值，如图 3-36 所示。

第2步 按下 Enter 键完成精确变换，通过以上方法即可完成精确变换图像的操作，如图 3-37 所示。

图 3-36

图 3-37

Photoshop CC 中文版图像处理

 知识拓展

进行变换操作时,工具选项栏会出现参考点定位符,方块对应定界框上的各个控制点。如果要将中心点调整到定界框边界上,可单击小方块。例如,要将中心点移动到定界框的左上角,可单击参考点定位符左上角的方块。

3.5.6 透视变换

用户可以使用【透视】命令对变换对象应用单点透视。应用透视变换的方法非常简单,下面详细介绍透视变换的操作方法。

操作步骤 >> Step by Step

第1步 在 Photoshop CC 中打开图像文件,按下组合键 Ctrl+T,在图像中出现定界框、中心点和控制点,右键单击图像文件,在弹出的快捷菜单中选择【透视】菜单项,如图 3-38 所示。

第2步 将光标定位在控制点上,此时光标变成形状,单击并拖动鼠标对图像进行透视操作,如图 3-39 所示。

图 3-38

图 3-39

3.5.7 用内容识别功能缩放图像

前面介绍的普通缩放方法,在调整图像大小时会影响所有像素,而内容识别缩放则主要影响没有重要可视内容区域中的像素。例如,可以让画面中的人物、建筑、动物等不出现变形。下面详细介绍用内容识别功能缩放图像的方法。

操作步骤　>>　Step by Step

第1步　在 Photoshop CC 中打开图像文件，**1.** 单击【编辑】主菜单，**2.** 在弹出的菜单中选择【内容识别缩放】菜单项，如图 3-40 所示。

图 3-40

第3步　单击工具选项栏中的【保护肤色】按钮 ，Photoshop 会自动分析图像，尽量避免包含皮肤颜色的区域变形，如图 3-42 所示。

图 3-42

第2步　在图像中出现定界框、中心点和控制点，将鼠标移至控制点上缩小图像，可以看到图像中人物变形非常严重，如图 3-41 所示。

图 3-41

第4步　按下 Enter 键，此时画面虽然变窄了，但人物比例和结构没有明显的变化，如图 3-43 所示。

图 3-43

3.5.8　操控变形

微课堂
00 分 29 秒

　　操控变形是 Photoshop CC 新增的一项图像变形功能，与 Autodesk 3ds Max 的骨骼系统有相似之处，它是一种可视网格。借助该网格，用户可以随意地扭曲特定的图像区域，同时保持其他区域不变。下面详细介绍操控变形的操作方法。

Photoshop CC中文版图像处理

操作步骤 >> **Step by Step**

第1步　在 Photoshop CC 中打开图像文件，**1.** 单击【编辑】主菜单，**2.** 在弹出的菜单中选择【操控变形】菜单项，如图 3-44 所示。

第2步　图像上布满网格，将鼠标移至网格上单击，通过给图像中的关键点上添加"图钉"，可以修改动物的一些动作，如图 3-45 所示。

图 3-44

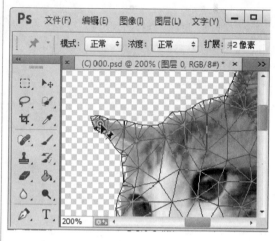

图 3-45

第3步　按下 Enter 键退出操作，通过以上步骤即可完成操控变形的操作，如图 3-46 所示。

图 3-46

■ 指点迷津

操控变形通常用来修改人物的动作、发型等。除了图像、形状和文字图层之外，还可以对图层蒙版和矢量蒙版应用操控变形。如果要以非破坏性的方式变形图形，需要将图像转换为智能对象。

Section

Section 3.6　专题课堂——【历史记录】面板

【历史记录】面板用于记录编辑图像过程中所进行的操作步骤。使用该面板可以恢复到某一步的状态，同时也可以再次返回到当前的操作状态。本节将介绍【历史记录】面板的使用方法。

3.6.1　认识【历史记录】面板

执行【窗口】→【历史记录】命令即可打开【历史记录】面板，如图 3-47 和图 3-48 所示。

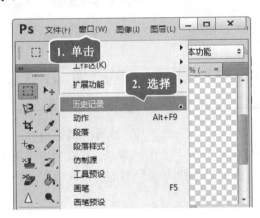

图 3-47

图 3-48

➤ 【从当前状态创建新文档】按钮 ：单击该按钮，可在当前的历史状态中创建一个新图像文档。

➤ 【创建新快照】按钮 ：单击此按钮，用户可在当前的历史状态中创建一个临时副本文件。

➤ 【删除历史状态】按钮 ：用于删除当前选择的历史状态。

➤ 【设置历史记录画笔源】按钮 ：使用【历史记录画笔】工具时，该图标所在的位置代表历史记录画笔的源图像。

3.6.2　用【历史记录】面板还原图像

【历史记录】面板可以很直观地显示用户进行的各项操作，使用鼠标单击历史操作栏，用户可以回到任何一项记载的操作，下面介绍使用【历史记录】面板还原图像的方法。

Photoshop CC 中文版图像处理

第1步 在 Photoshop CC 中打开【历史记录】面板，在其中单击准备返回到的历史记录选项，如图 3-49 所示。

第2步 此时在文档窗口中，图像被还原到指定的历史状态中，通过以上方法即可完成使用【历史记录】面板还原图像的操作，如图 3-50 所示。

图 3-49

图 3-50

3.6.3 用快照还原图像

【历史记录】面板只能记录 20 步操作，如果使用画笔工具、涂抹工具等绘画工具编辑图像时，每单击一次鼠标，Photoshop 就会自动记录一个操作步骤，这样就会出现历史记录不够用的情况。此时用户可以使用【创建新快照】按钮来保存当前的绘制效果。下面详细介绍用快照还原图像的方法。

第1步 打开【历史记录】面板，在其中单击【创建新快照】按钮，如图 3-51 所示。

第2步 通过以上方法即可完成用快照还原图像的操作，如图 3-52 所示。

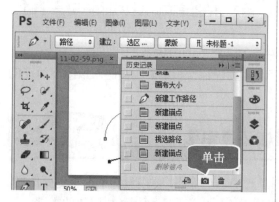

图 3-51

图 3-52

Section 3.7 实践经验与技巧

导读 　在本节的学习过程中，将侧重介绍与本章知识点有关的实践经验与技巧，主要内容包括变形、旋转画布和还原上一步骤等方面的知识与操作技巧。

3.7.1 变形

微课堂 00分31秒

如果要对图像的局部进行扭曲，可以使用【变形】命令来操作图像。执行该命令时，图像上会出现变形网格和锚点，拖曳锚点或调整方向线可以对图像进行更加自由、灵活的变形处理。使用【变形】命令的方法非常简单，下面介绍变形图像的方法。

操作步骤 >> Step by Step

第1步　在 Photoshop CC 中打开图像文件，按下组合键 Ctrl+T，在图像中出现定界框、中心点和控制点，右键单击图像文件，在弹出的快捷菜单中选择【变形】菜单项，如图 3-53 所示。

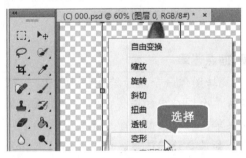
图 3-53

第3步　按下 Enter 键，通过以上步骤即可完成变形图像的操作，如图 3-55 所示。

图 3-55

第2步　将光标定位在控制点上，此时光标变成形状，单击并拖动鼠标对图像进行变形操作，如图 3-54 所示。

图 3-54

■ 指点迷津

变形网格中的锚点与路径中锚点的控制方法基本相同。

微课堂
00 分 24 秒

3.7.2　旋转画布

在 Photoshop CC 中用户可以根据绘制需要对图像进行旋转，制作出倾斜、倒立等效果，下面将详细介绍旋转画布的方法。

操作步骤　>>　Step by Step

第1步　打开图像文件后，*1.* 单击【图像】主菜单，*2.* 在弹出的菜单中选择【图像旋转】菜单项，*3.* 在弹出的子菜单中选择【任意角度】菜单项，如图 3-56 所示。

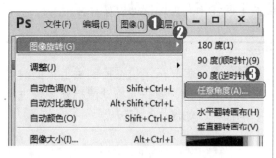

图 3-56

第2步　弹出【旋转画布】对话框，*1.* 在【角度】文本框中输入数值，*2.* 选中【度(逆时针)】单选按钮，*3.* 单击【确定】按钮，如图 3-57 所示。

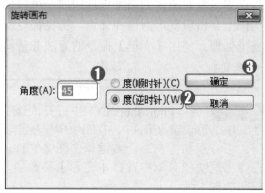

图 3-57

第3步　通过以上方法即可完成旋转画布的操作，如图 3-58 所示。

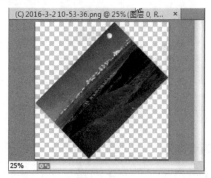

图 3-58

■ **指点迷津**

旋转图像命令用于旋转整幅图像。如果要旋转单个图层中的图像，需要单击【编辑】主菜单，在弹出的菜单中选择【变换】菜单项；如果要旋转选区，需要单击【选择】主菜单，在弹出的菜单中选择【变换选区】菜单项。

微课堂
00 分 21 秒

3.7.3　还原上一步骤

在 Photoshop CC 中，用户可以使用还原命令还原上一步的操作，下面详细介绍还原上一步骤的操作方法。

操作步骤 >> Step by Step

第1步 打开图像文件后，**1**. 单击【编辑】主菜单，**2**. 在弹出的菜单中选择【还原旋转画布】菜单项，如图 3-59 所示。

图 3-59

第2步 通过以上步骤即可完成还原上一步骤的操作，如图 3-60 所示。

图 3-60

→ **一点即通**

还原命令只能还原一步操作，如果想要连续还原，可连续执行【编辑】→【后退一步】命令，或者连续按下 Alt+Ctrl+Z 组合键，逐步撤销操作。

如果想恢复被撤销的操作，可连续执行【编辑】→【前进一步】命令，或连续按下 Shift+Ctrl+Z 组合键。

3.7.4 清理内存

编辑图像时，Photoshop 需要保存大量的中间数据，导致计算机的运行速度变慢。执行【编辑】→【清理】命令，可以释放由还原命令、【历史记录】面板、剪贴板和视频占用的内存，加快系统的处理速度。清理之后，菜单项的名称会显示为灰色，如图 3-61 所示。

需要注意的是，【清理】子菜单中的【历史记录】和【全部】菜单项会清理在 Photoshop 中打开的所有文档。如果只想清理当前文档，可以使用【历史记录】面板中的【清除历史记录】按钮来操作。

编辑大图时，如果内存不够，Photoshop 就会使用硬盘来扩展内存，这是一种虚拟内存技术，也称为暂存盘。暂存盘与内存的总容量至少为运行文件的 5 倍，Photoshop 才能流畅运行。

在文档窗口底部的状态栏中，暂存盘大小显示了 Photoshop 可用内存的大概值(左侧数值)，以及当前所有打开的文件与剪贴板、快照等占用的内存的大小(右侧数值)。如果左侧数值大于右侧数值，表示 Photoshop 正在使用虚拟内存。

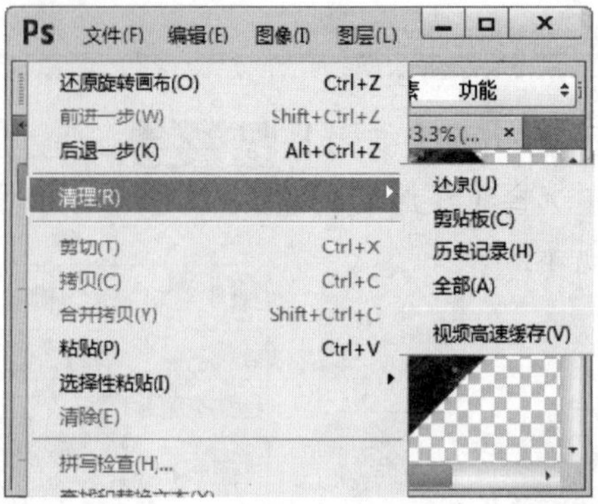

图 3-61

Section 3.8 有问必答

1. 如何区别缩放比例和像素大小?

当使用缩放工具缩放图像时，改变的是图像在屏幕中的显示比例，也就是说，无论怎么放大或缩小图像的显示比例，图像本身的大小并没有发生任何改变。当调整图像大小时，改变的是图像的像素大小和分辨率等，因此图像的大小有可能发生改变。

2. 如何删除快照?

在【历史记录】面板中选中需要删除的快照，单击【删除当前状态】按钮或将快照拖曳到该按钮上，然后在弹出的对话框中单击【确定】按钮即可删除快照。

3. 如何查看图像信息?

打开一个图像文件，单击【文件】主菜单，在弹出的菜单中选择【文件简介】菜单项，打开一个以该图像名称命名的对话框，切换到【相机数据】选项卡，可以查看相机原始数据、视频数据、音频数据以及查看和编辑 DICOM 文件的元数据等。

4. 如何进行重新采样?

修改图像的像素大小在 Photoshop 中称为重新采样，当减少像素的数量时，会从图像中删除一些信息；增加像素的数量或增加像素取样时，则会添加新的元素。单击【图像】主菜单，在弹出的菜单中选择【图像大小】菜单项，将弹出【图像大小】对话框，在【重新采样】复选框中可以进行设置。

5. 如何创建非线性历史记录?

在【历史记录】面板中，单击面板右上角的【选项】按钮，在弹出的下拉菜单中选择【历史记录选项】菜单项，将弹出【历史记录选项】对话框，选中【允许非线性历史记录】复选框即可完成操作。

第 **4** 章

图 像 选 区

本章要点

❖ 认识选区
❖ 使用内置工具制作选区
❖ 基于颜色制作选区
❖ 选区的基本操作
❖ 专题课堂——编辑选区

本章主要内容

本章主要介绍了认识选区、使用内置工具制作选区、基于颜色制作选区、选区的基本操作以及编辑选区方面的知识与技巧，在本章的最后还针对实际工作需求，讲解了调整边缘、对选区进行填充与描边的方法。通过本章的学习，读者可以掌握图像选区方面的知识，为深入学习 Photoshop CC 知识奠定基础。

Photoshop CC 中文版图像处理

认识选区

在 Photoshop 中处理图像时，经常需要针对局部效果进行调整，通过选择特定区域，可以对该区域进行编辑并保证未选定区域不会被改动，这时就需要为图像制定一个有效的编辑区域，即创建选区。本节将介绍选区的基本知识。

选区是指通过工具或者命令在图像上创建的选取范围。创建选区轮廓后，用户可以在选区内的区域进行复制、移动、填充或颜色校正等操作。

当在工作图层中对图像的某个区域创建选区后，该区域的像素将会处于被选取状态，此时对该图层进行相应编辑时被编辑的范围将会只局限于选区内，如图 4-1 所示。

在 Photoshop CC 中，选区可分为普通选区和羽化选区两种。普通选区是指通过魔棒工具、选框工具、套索工具和【色彩范围】命令等创建的选区，具有明显的边界，如图 4-2 所示；羽化选区则是将在图像中创建的普通选区的边界进行柔化后得到的选区。应注意的是，根据羽化的数值不同，羽化的效果也不同，一般羽化的数值越大，其羽化的范围也越大，如图 4-3 所示。

图 4-1　　　　　　　　　图 4-2　　　　　　　　　图 4-3

在设置选区时，特别要注意 Photoshop 软件是以像素为基础的，而不是以矢量为基础的。所以在使用 Photoshop 软件编辑图像时，画布是以彩色像素或透明像素填充的。

使用内置工具制作选区

Photoshop 中包含多种方便快捷的选区工具组，包括选框工具组、套锁工具组、魔棒与快速选择工具组，每个工具组中又包含多种工具。本节将详细介绍使用内置工具制作选区的方法。

4.2.1　矩形选框工具

微课堂
00 分 21 秒

在 Photoshop CC 中,用户可以使用工具箱中的矩形选框工具在图像中选取矩形或正方形选区。下面介绍使用矩形选框工具的方法。

操作步骤 >> **Step by Step**

第 1 步　打开图像文件,**1.** 在工具箱中单击【矩形选框工具】按钮▣,**2.** 当鼠标指针变成✛后,单击并拖动鼠标指针选取准备选择的区域,如图 4-4 所示。

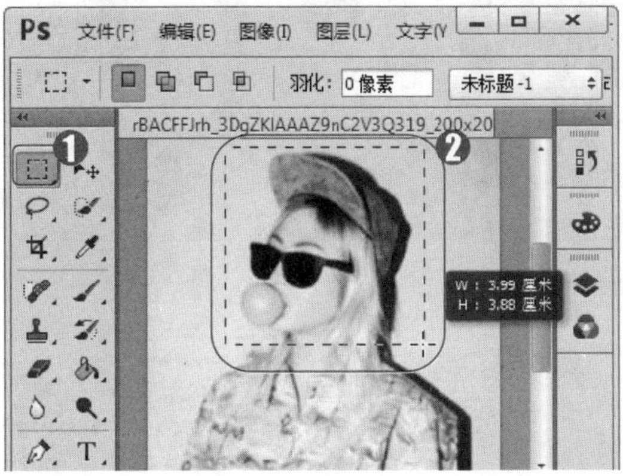

第 2 步　通过以上方法即可完成创建矩形选区的操作,如图 4-5 所示。

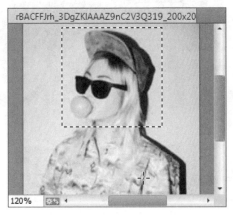

图 4-4

图 4-5

🔆 知识拓展

在工具箱中选择矩形选框工具后,按住 Shift 键,在文档的窗口中拖动鼠标可以绘制出正方形选区。

4.2.2　椭圆选框工具

微课堂
00 分 20 秒

在 Photoshop CC 中,用户可以使用工具箱中的椭圆选框工具在图像中选取椭圆形或正圆形选区。下面介绍使用椭圆选框工具的方法。

🔆 知识拓展

在工具箱中选择椭圆选框工具后,按住 Shift 键,在文档窗口中拖动鼠标可以绘制出正圆形选区。

Photoshop CC 中文版图像处理

操作步骤 >> **Step by Step**

第1步 在 Photoshop CC 中打开图像文件，**1.** 在左侧的工具箱中单击【矩形选框工具】按钮 [□]，**2.** 在弹出的下拉菜单中选择【椭圆选框工具】菜单项，如图 4-6 所示。

第2步 当鼠标指针变成 ✛ 后，单击并拖动鼠标指针选取准备选择的区域，通过以上步骤即可完成创建椭圆形选区的操作，如图 4-7 所示。

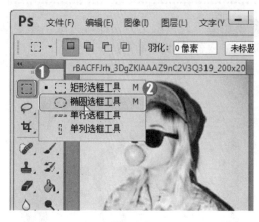

图 4-6

图 4-7

4.2.3 单行选框工具

微课堂
00 分 17 秒

在 Photoshop CC 中，用户可以使用单行选框工具创建一个像素的图像，同时用户可以进行多次选取。下面介绍运用单行选框工具的方法。

操作步骤 >> **Step by Step**

第1步 打开图像文件，**1.** 在工具箱中单击【椭圆选框工具】按钮 [□]，**2.** 在弹出的下拉菜单中选择【单行选框工具】菜单项，如图 4-8 所示。

第2步 在图像中单击并拖动鼠标，通过以上方法即可完成运用单行选框工具创建选区的操作，如图 4-9 所示。

图 4-8

图 4-9

4.2.4 单列选框工具

在 Photoshop CC 中，用户还可以使用单列选框工具创建选区，下面介绍运用单列选框工具创建垂直选区的操作方法。

操作步骤 >> Step by Step

第1步 在 Photoshop CC 中打开图像文件，**1.** 在左侧的工具箱中单击【单行选框工具】按钮，**2.** 在弹出的下拉菜单中选择【单列选框工具】菜单项，如图 4-10 所示。

图 4-10

第2步 在图像中单击并拖动鼠标，通过以上方法即可完成运用单列选框工具创建选区的操作，如图 4-11 所示。

图 4-11

知识拓展

单行选框工具和单列选框工具只能创建高度为 1 像素的行或宽为 1 像素的列，常用来制作表格。

4.2.5 套索工具

在 Photoshop CC 中使用套索工具时，用户释放鼠标后起点和终点处自动连接，这样就可以创建不规则选区。下面介绍运用套索工具创建不规则选区的方法。

操作步骤 >> Step by Step

第1步 在 Photoshop CC 中打开图像文件，**1.** 在左侧的工具箱中单击【套索工具】按钮，**2.** 当鼠标指针变为 形状时，在文档窗口中单击并拖动鼠标左键绘制选区，如图 4-12 所示。

第2步 到达目标位置后释放鼠标左键，通过以上方法即可完成运用套索工具的操作，如图 4-13 所示。

微 课 堂 学 电 脑

Photoshop CC 中文版图像处理

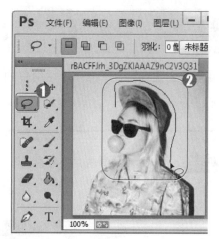

图 4-12

图 4-13

4.2.6 多边形套索工具

用户可以使用多边形套索工具来选择具有棱角的图形，选择结束后双击即可与起点相连形成选区，下面介绍运用多边形套索工具的方法。

操作步骤 >> Step by Step

第1步 在 Photoshop CC 中打开图像文件，**1.** 在左侧的工具箱中单击【套索工具】按钮 ⬭，**2.** 在弹出的下拉菜单中选择【多边形套索工具】菜单项，如图 4-14 所示。

第2步 当鼠标指针变为 ⌐⚲ 形状时，在文档窗口中单击并拖动鼠标左键绘制选区，到达目标位置后释放鼠标左键，通过以上方法即可完成运用多边形套索工具的操作，如图 4-15 所示。

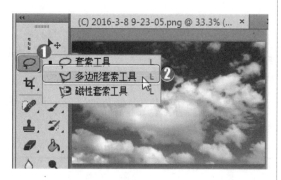

图 4-14

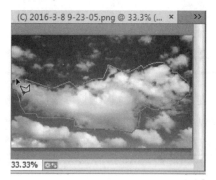

图 4-15

🔅 知识拓展

使用多边形套锁工具创建选区时按住 Shift 键操作，可以锁定水平、垂直或以 45° 角为增量进行绘制。如果双击，则会在双击点与起点间连接一条直线来闭合选区。

基于颜色制作选区

导读

如果需要选择的对象与背景之间的色调差异比较明显，使用魔棒工具、快速选择工具、磁性套索工具可以很快速地将对象分离出来。本节将详细介绍选择基于颜色制作选区的操作方法。

4.3.1　磁性套索工具

微课堂　00分22秒

在 Photoshop CC 中，如果图像与背景对比明显，同时图像的边缘清晰，用户可以使用磁性套索工具快速选取图像选区，下面介绍运用磁性套索工具创建选区的方法。

操作步骤 >> Step by Step

第1步　在 Photoshop CC 中打开图像文件，**1.** 在左侧的工具箱中单击【套索工具】按钮 ◯，**2.** 在弹出的下拉菜单中选择【磁性套索工具】菜单项 ⤳，如图 4-16 所示。

第2步　当鼠标指针变为 ⤳ 形状时，在文档窗口中单击并拖动鼠标左键沿着图像边缘绘制选区，到达目标位置后释放鼠标左键，通过以上方法即可完成运用磁性套索工具的操作，如图 4-17 所示。

图 4-16

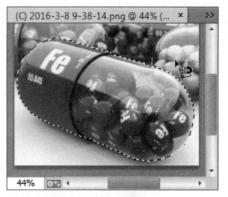

图 4-17

4.3.2　快速选择工具

微课堂　00分35秒

在 Photoshop CC 中使用快速选择工具，用户可以通过画笔笔尖接触图形，自动查找图像边缘，下面介绍运用快速选择工具的方法。

Photoshop CC 中文版图像处理

操作步骤 >> Step by Step

第1步　在 Photoshop CC 中打开图像文件，在左侧的工具箱中单击【快速选择工具】按钮，如图 4-18 所示。

第2步　当鼠标指针变成 ⊕ 后，在文档窗口中单击并拖动鼠标指针选取所需选区，然后释放鼠标，通过以上方法即可完成运用快速选择工具创建选区的操作，如图4-19 所示。

图 4-18

图 4-19

4.3.3　魔棒工具

微课堂
00 分 16 秒

在 Photoshop CC 中，对于颜色差别较大的图像，用户可以使用魔棒工具创建选区，下面介绍运用魔棒工具的方法。

操作步骤 >> Step by Step

第1步　在 Photoshop CC 中打开图像文件，**1.** 在工具箱中单击【魔棒工具】按钮，**2.** 在魔棒工具选项栏中单击【添加到选区】按钮，如图 4-20 所示。

第2步　当鼠标指针变成 后，在准备选择的图像上连续单击鼠标指针，绘制选区，通过以上方法即可完成运用魔棒工具创建颜色相近选区的操作，如图 4-21 所示。

图 4-20

图 4-21

微课堂学电脑

🔘 **知识拓展**

使用魔棒工具时,按住 Shift 键单击可添加选区;按住 Alt 键单击可在当前选区中减去选区;按住 Shift+Alt 组合键单击可得到与当前选区相交的选区。

4.3.4 【色彩范围】命令

微课堂 00分29秒

使用色彩范围命令,用户可以快速选取颜色相近的选区,【色彩范围】命令的工作原理与魔棒工具的原理相似,下面介绍运用【色彩范围】命令自定义颜色选区的方法。

操作步骤 >> **Step by Step**

第1步 打开图像文件,**1.** 单击【选择】主菜单,**2.** 在弹出的菜单中选择【色彩范围】菜单项,如图 4-22 所示。

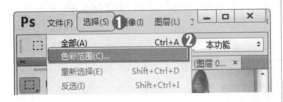

图 4-22

第3步 通过以上方法即可完成运用【色彩范围】命令的操作,如图 4-24 所示。

图 4-24

第2步 弹出【色彩范围】对话框,**1.** 在【颜色容差】文本框中输入数值,**2.** 单击【添加到取样】按钮 🖊,**3.** 在预览图中单击准备选取的图形,**4.** 单击【确定】按钮,如图 4-23 所示。

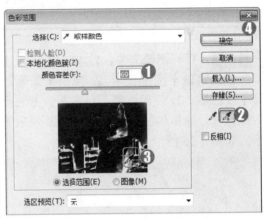

图 4-23

■ **指点迷津**

如果在图像中创建了选区,则色彩范围命令只分析选中的图像。

4.3.5 磁性钢笔工具

微课堂 精品阅读 READ TIME

在工具箱中单击【自由钢笔工具】按钮 ✐,然后在自由钢笔工具选项栏中选中【磁性的】复选框,自由钢笔工具将切换为磁性钢笔工具,如图 4-25 所示。使用磁性钢笔工具可以像磁性套索工具一样快速地勾勒出对象的轮廓。

Photoshop CC 中文版图像处理

图 4-25

4.3.6 快速蒙版工具

微课堂
00分32秒

在 Photoshop CC 中，用户可以使用快速蒙版工具在指定的图像区域涂抹来创建选区，下面介绍使用快速蒙版工具创建选区的方法。

操作步骤 >> Step by Step

第1步 打开图像文件，**1.** 单击【以快速蒙版模式编辑】按钮 ▣，**2.** 单击【画笔工具】按钮 ✎，**3.** 使用画笔工具在图像上进行涂抹操作，涂抹的区域将以红色的蒙版来显示，如图 4-26 所示。

第2步 进行涂抹操作后，再次单击【以快速蒙版模式编辑】按钮，退出快速蒙版模式，通过以上方法即可完成使用快速蒙版工具创建选区的操作，如图 4-27 所示。

图 4-26

图 4-27

📀 知识拓展

用白色涂抹快速蒙版时，被涂抹的区域会显示出图像，这样可以扩展选区；用黑色涂抹的区域会覆盖一层半透明的宝石红色，这样可以收缩选区。

Section 4.4 选区的基本操作

在 Photoshop CC 中，用户可以对创建的选区进行反选选区、取消选择与重新选择、选区的运算和移动选区等操作。本节将介绍选区的基本操作方面的知识。

4.4.1 选区的运算

微课堂 00分46秒

在 Photoshop CC 中，用户可以对已经创建的选区进行添加到选区和从选区减去等操作，下面详细介绍选区运算方面的知识。

1. 添加到选区 >>>

用户可以运用【添加到选区】按钮 来添加选区，下面介绍添加选区的方法。

操作步骤 >> Step by Step

第1步 在 Photoshop CC 中打开一张图像，1. 在工具箱中单击【矩形选框工具】按钮 ，2. 在文档窗口中创建一个矩形选框，如图 4-28 所示。

第2步 创建选区后，1. 在工具选项栏中单击【添加到选区】按钮 ，2. 当鼠标指针变为 形状时，在图像上再次绘制一个选区，如图 4-29 所示。

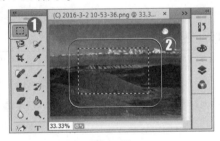

图 4-28

第3步 通过以上方法即可完成添加到选区的操作，如图 4-30 所示。

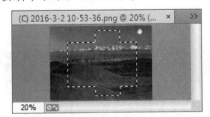

图 4-30

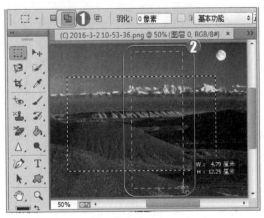

图 4-29

■ 指点迷津

如果当前图像中有选区存在，则在使用选框工具、套锁工具和魔棒工具继续创建选区时，按住 Shift 键可以在当前选区上添加选区。

2. **从选区减去**

在 Photoshop CC 中，用户可以运用【从选区减去】按钮来减去选区，这样可以减少所需的选取区域，下面介绍运用【从选区减去】按钮减去选区的方法。

操作步骤 >> **Step by Step**

第1步　在 Photoshop CC 中打开一张图像，**1.** 在工具箱中单击【椭圆选框工具】按钮，**2.** 在文档窗口中创建一个椭圆选框，如图 4-31 所示。

第2步　创建选区后，**1.** 在工具选项栏中单击【从选区减去】按钮，**2.** 当鼠标指针变为十形状时，在图像上再次绘制一个椭圆选区，如图 4-32 所示。

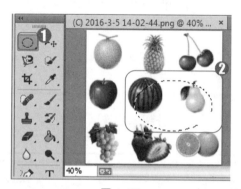

图 4-31

图 4-32

第3步　通过以上方法即可完成从选区减去的操作，如图 4-33 所示。

图 4-33

■ **指点迷津**

如果当前图像中有选区存在，则在使用选框工具、套索工具和魔棒工具继续创建选区时，按住 Alt 键可以在当前选区上减去选区。

4.4.2　全选与反选

微课堂
00 分 27 秒

在 Photoshop CC 中，将图片全部选中和反选的方法非常简单，下面详细介绍全选与反选的操作方法。

操作步骤 >> Step by Step

第1步 在 Photoshop CC 中打开一张图像，**1.** 单击【选择】主菜单，**2.** 在弹出的菜单中选择【全部】菜单项，如图 4-34 所示。

图 4-34

第2步 通过以上步骤即可完成全选的操作，如图 4-35 所示。

图 4-35

第3步 在图像中创建选区，**1.** 单击【选择】主菜单，**2.** 在弹出的菜单中选择【反选】菜单项，如图 4-36 所示。

图 4-36

第4步 通过以上步骤即可完成反选的操作，如图 4-37 所示。

图 4-37

4.4.3 移动选区

微课堂 00分18秒

创建选区后，用户可以将创建的选区移动到指定的位置，方便用户进一步的操作，下面介绍移动选区的方法。

Photoshop CC 中文版图像处理

第1步 在图像中创建选区，**1.** 在工具箱中单击【套索工具】按钮⚲，**2.** 在工具选项栏中单击【新选区】按钮▣，**3.** 将鼠标指针移动至选区内部，当鼠标指针变为▷▥后，拖动鼠标至目标位置，如图 4-38 所示。

第2步 释放鼠标，通过以上方法即可完成移动选区的操作，如图 4-39 所示。

图 4-38

图 4-39

4.4.4 变换选区

在 Photoshop CC 中创建选区后，用户可以对创建的选区进行变换操作，下面介绍变换选区的方法。

第1步 在图像文件中创建选区，**1.** 单击【选择】主菜单，**2.** 在弹出的菜单中选择【变换选区】菜单项，如图 4-40 所示。

第2步 在文档窗口中出现定界框，当鼠标指针变为↻后，拖动控制点对选区进行旋转，如图 4-41 所示。

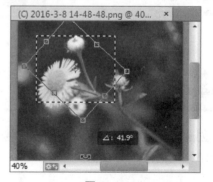

图 4-40

图 4-41

第3步　按 Enter 键退出变换操作，通过以上方法即可完成变换选区的操作，如图 4-42 所示。

图 4-42

4.4.5　隐藏与显示选区

微课堂
00 分 30 秒

如果要用画笔绘制选区边缘的图像，或者对选中的图像应用滤镜，将选区隐藏之后，可以更清楚地看到选区边缘图像的变化情况。下面详细介绍隐藏与显示选区的方法。

操作步骤　>>　Step by Step

第1步　在图像文件中创建选区，*1.*单击【视图】主菜单，*2.* 在弹出的菜单中选择【显示】菜单项，*3.* 在弹出的子菜单中选择【选区边缘】菜单项，如图 4-43 所示。

第2步　通过以上步骤即可完成隐藏选区的操作，如图 4-44 所示。

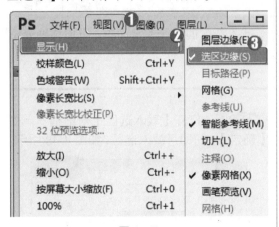

图 4-43

图 4-44

🔘 知识拓展

隐藏选区以后，选区虽然看不见了，但它仍然存在，并限定操作的有效区域。如果需要重新显示选区，可以按下 Ctrl+H 组合键。

Photoshop CC 中文版图像处理

4.4.6　存储选区

　　有一些复杂的图像制作需要花费大量时间，为避免因断电或其他原因造成劳动成果付诸东流，应及时保存选区，同时也会为以后的使用和修改带来方便。下面详细介绍存储选区的操作方法。

操作步骤　>>　Step by Step

第1步　完成对选区的操作后，**1.** 单击【选择】主菜单，**2.** 在弹出的菜单中选择【存储选区】菜单项，如图 4-45 所示。

第2步　打开【存储选区】对话框，**1.** 在【名称】文本框中输入名称，**2.** 单击【确定】按钮即可完成存储选区的操作，如图 4-46 所示。

图 4-45

图 4-46

4.4.7　载入选区

　　用户也可以将选区加载到 Photoshop CC 中，载入选区的方法非常简单，下面详细介绍载入选区的操作方法。

操作步骤　>>　Step by Step

第1步　在 Photoshop CC 中打开图像文件，**1.** 单击【选择】主菜单，**2.** 在弹出的菜单中选择【载入选区】菜单项，如图 4-47 所示。

第2步　打开【载入选区】对话框，单击【确定】按钮即可载入选区，如图 4-48 所示。

图 4-47

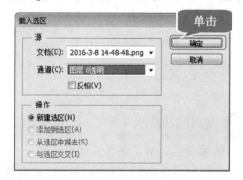

图 4-48

在【载入选区】对话框中各选项的功能如下。

➤ 【文档】下拉列表框：用来选择包含选区的目标文件。

➤ 【通道】下拉列表框：用来选择包含选区的通道。

➤ 【反相】复选框：选中该复选框，可以反转选区，这就相当于载入选区后执行反向命令。

➤ 【操作】区域：如果当前文档中包含选区，可以通过该选项区域设置如何合并载入的选区。选中【新建选区】单选按钮，可用载入的选区替换当前选区；选中【添加到选区】单选按钮，可将载入的选区添加到当前选区中；选中【从选区中减去】单选按钮，可以从当前选区中减去载入的选区；选中【与选区交叉】单选按钮，可以得到载入的选区与当前选区交叉的区域。

Section 4.5 专题课堂——编辑选区

在 Photoshop CC 中创建选区后，用户可以对选区进行调整边缘、平滑选区、扩展选区、收缩选区、边界选区和羽化选区等操作，本节将重点介绍选区编辑操作方面的知识。

4.5.1 平滑选区

微课堂
00分22秒

在 Photoshop CC 中使用"平滑选区"功能，用户可以将选区中生硬的边缘变得平滑顺畅，使选区中的图像更加美观。下面介绍平滑选区的方法。

操作步骤 >> Step by Step

第1步 在图像中创建一个选区，*1.* 单击【选择】主菜单，*2.* 在弹出的菜单中选择【修改】菜单项，*3.* 在弹出的子菜单中选择【平滑】菜单项，如图 4-49 所示。

第2步 弹出【平滑选区】对话框，*1.* 在【取样半径】文本框中输入半径数值，*2.* 单击【确定】按钮，如图 4-50 所示。

图 4-49

图 4-50

Photoshop CC 中文版图像处理

第3步　通过以上方法即可完成平滑选区的操作，如图 4-51 所示。

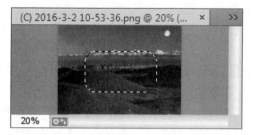

图 4—51

■ 指点迷津

　　平滑选区可以减少选区边界中的不规则区域，创建更加平滑的选区轮廓。对于矩形选区，则可使其边角变得圆滑。

　　在【平滑选区】对话框中，【取样半径】文本框用来设置平滑的范围，单位是像素。

 专家解读

　　在 Photoshop CC 中使用平滑选区命令时，如果平滑半径的数值设置超出了选取的范围，会弹出警告对话框，提示数值超出允许范围。

4.5.2　创建边界选区

微课堂　00 分 21 秒

　　在 Photoshop CC 中，边界选区是将设置的像素值同时向选区内部和外部扩展所得到的区域，下面介绍创建边界选区的方法。

操作步骤 >> Step by Step

第1步　在图像中创建一个选区，**1.** 单击【选择】主菜单，**2.** 在弹出的菜单中选择【修改】菜单项，**3.** 在弹出的子菜单中选择【边界】菜单项，如图 4-52 所示。

图 4—52

第3步　通过以上方法即可完成边界选区的操作，如图 4-54 所示。

图 4—54

第2步　弹出【边界选区】对话框，**1.** 在【宽度】文本框中输入边界宽度数值，**2.** 单击【确定】按钮，如图 4-53 所示。

图 4—53

■ 指点迷津

　　边界选区可以在已创建选区的边缘向外或向内扩展一定的范围。

　　在【边界选区】对话框中，【宽度】文本框用来设置向外或向内扩展的范围，单位是像素。

4.5.3 扩展与收缩选区

在 Photoshop CC 中，使用扩展与收缩选区的功能，用户可以将创建的选区范围按照输入的数值扩展或缩小。扩展与收缩选区的操作非常简单，下面介绍其操作方法。

操作步骤 >> Step by Step

第1步 在图像中创建一个选区，**1.** 单击【选择】主菜单，**2.** 在弹出的菜单中选择【修改】菜单项，**3.** 在弹出的子菜单中选择【扩展】菜单项，如图 4-55 所示。

图 4-55

第3步 通过以上方法即可完成扩展选区的操作，如图 4-57 所示。

图 4-57

第5步 弹出【收缩选区】对话框，**1.** 在【收缩量】文本框中输入半径数值，**2.** 单击【确定】按钮，如图 4-59 所示。

图 4-59

第2步 弹出【扩展选区】对话框，**1.** 在【扩展量】文本框中输入半径数值，**2.** 单击【确定】按钮，如图 4-56 所示。

图 4-56

第4步 在图像中创建一个选区，**1.** 单击【选择】主菜单，**2.** 在弹出的菜单中选择【修改】菜单项，**3.** 在弹出的子菜单中选择【收缩】菜单项，如图 4-58 所示。

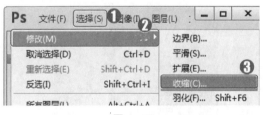

图 4-58

第6步 通过以上方法即可完成收缩选区的操作，如图 4-60 所示。

图 4-60

Photoshop CC 中文版图像处理

4.5.4　对选区进行羽化

微课堂 00 分 25 秒

在 Photoshop CC 中，羽化是指通过设置像素值对图像边缘进行模糊的操作。一般来说，羽化数值越大，图像边缘虚化程度越大，下面介绍羽化选区的方法。

操作步骤 >> Step by Step

第1步　在图像中创建一个选区，**1.** 单击【选择】主菜单，**2.** 在弹出的菜单中选择【修改】菜单项，**3.** 在弹出的子菜单中选择【羽化】菜单项，如图 4-61 所示。

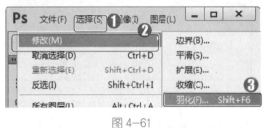

图 4-61

第3步　通过以上方法即可完成羽化选区的操作，如图 4-63 所示。

图 4-63

第2步　弹出【羽化选区】对话框，**1.** 在【羽化半径】文本框中输入半径数值，**2.** 单击【确定】按钮，如图 4-62 所示。

图 4-62

■ 指点迷津

如果选区较小，而【羽化半径】文本框中的值又设置得很大，Photoshop 会弹出警告对话框，单击对话框中的【确定】按钮，确认当前设置的羽化半径，此时选区可能会变得非常模糊，以至于在画面中观察不到，但是选区仍然存在。

4.5.5　扩大选取与选取相似

微课堂 00 分 27 秒

【扩大选取】与【选取相似】命令都是用来扩展现有选区的命令，执行这两个命令时，Photoshop 会基于魔棒工具选项栏中的容差值来决定选区的扩展范围，容差值越高，选区扩展的范围就越大。下面详细介绍使用扩大选取与选取相似的方法。

操作步骤 >> Step by Step

第1步 在图像中创建一个选区，**1.** 单击【选择】主菜单，**2.** 在弹出的菜单中选择【扩大选取】菜单项，如图 4-64 所示。

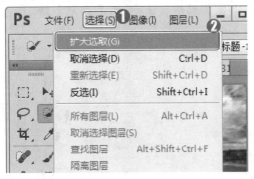

图 4-64

第2步 通过以上步骤即可完成扩大选取的操作，如图 4-65 所示。

图 4-65

第3步 在图像中创建一个选区，**1.** 单击【选择】主菜单，**2.** 在弹出的菜单中选择【选取相似】菜单项，如图 4-66 所示。

图 4-66

第4步 通过以上步骤即可完成选取相似的操作，如图 4-67 所示。

图 4-67

Section

4.6 实践经验与技巧

导读

在本节的学习过程中，将侧重介绍和讲解本章知识点有关的实践经验与技巧，主要内容将包括调整边缘、对选区进行填充、对选区进行描边等方面的知识与操作技巧。

4.6.1 调整边缘

微课堂
00分44秒

创建完选区后，用户还可以对选区的边缘进行调整。调整选区边缘的操作非常简单，下面详细介绍其操作方法。

Photoshop CC 中文版图像处理

操作步骤 >> Step by Step

第1步 打开图像文件，**1.** 单击左侧工具箱中的【矩形选框工具】按钮，**2.** 在图像中创建一个矩形选区，然后鼠标右键单击选区，在弹出的快捷菜单中选择【调整边缘】菜单项，如图 4-68 所示。

图 4-68

第3步 通过上述操作即可完成调整边缘的操作，如图 4-70 所示。

图 4-70

第2步 弹出【调整边缘】对话框，**1.** 选择【背景图层】模式预览选区效果，**2.** 在【平滑】文本框中输入数值，**3.** 在【羽化】文本框中输入数值，**4.** 单击【确定】按钮，如图 4-69 所示。

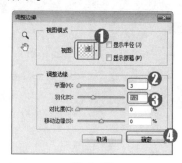

图 4-69

■ **指点迷津**

调整边缘命令可以对选区的半径、平滑度、羽化值、对比度、边缘位置等属性进行修改，从而提高选区边缘的品质，并且可以在不同的背景下查看选区。

4.6.2 对选区进行填充

微课堂
00分23秒

创建选区后，用户还可以对选区进行颜色或渐变的填充，下面详细介绍对选区进行填充的操作方法。

操作步骤 >> Step by Step

第1步 打开图像文件，**1.** 单击工具箱中的【矩形选框工具】按钮，**2.** 在图像中创建一个矩形选区，鼠标右键单击选区，在弹出的快捷菜单中选择【填充】菜单项，如图 4-71 所示。

第2步 弹出【填充】对话框，**1.** 在【使用】下拉列表框中选择【50%灰色】选项，**2.**在【混合】区域下的【模式】下拉列表框中选择【正常】选项，**3.** 单击【确定】按钮，如图 4-72 所示。

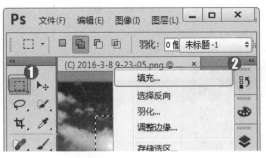

图 4-71

图 4-72

第 3 步 通过上述操作即可完成对选区进行填充的操作，如图 4-73 所示。

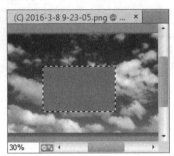

图 4-73

■ **指点迷津**

除了使用上面介绍的方法为选区进行填充外，还可以按 Shift+F5 组合键进行填充；或者单击【编辑】主菜单，在弹出的菜单中选择【填充】菜单项，也可以进行填充选区的操作。如果想要直接填充前景色可以按 Alt+Delete 组合键。

4.6.3 对选区进行描边

微课堂 00 分 29 秒

创建选区后，用户还可以对选区进行描边的操作，下面详细介绍对选区进行描边的操作方法。

操作步骤 >> Step by Step

第 1 步 在 Photoshop CC 中打开图像文件，*1.* 单击工具箱中的【矩形选框工具】按钮，*2.* 在图像中创建一个矩形选区，鼠标右键单击选区，在弹出的快捷菜单中选择【描边】菜单项，如图 4-74 所示。

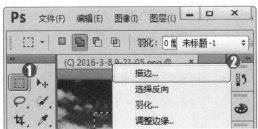

图 4-74

第 2 步 弹出【描边】对话框，*1.* 在【宽度】文本框中输入数值，*2.* 在【颜色】色块中选择颜色，*3.* 单击【确定】按钮，如图 4-75 所示。

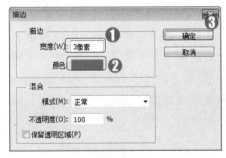

图 4-75

Photoshop CC中文版图像处理

第3步 　通过上述操作即可完成对选区进行描边的操作，如图4-76所示。

图4-76

Section 4.7 　有问必答

1. 如何快速载入选区？

在【通道】面板中，按住Ctrl键单击通道缩览图，即可将选区载入到图像中。

2. 如何取消选择的选区？

绘制好选区后，单击【选择】主菜单，在弹出的菜单中选择【取消选择】菜单项即可取消选区，或者按下Ctrl+D组合键也可以取消选区。

3. 如何重新选择选区？

单击【选择】主菜单，在弹出的菜单中选择【重新选择】菜单项即可重新选择选区。

4. 如何区分【色彩范围】命令、魔棒工具和快速选择工具？

【色彩范围】命令、魔棒工具和快速选择工具的相同之处是都基于色调差异创建选区。而【色彩范围】命令可以创建带有羽化的选区，也就是说，选出的图像会呈现透明效果。魔棒工具和快速选择工具则不能。

5. 如何细分选择选区与抠图的方法？

选择对象并将它从背景中分离出来，整个操作过程被称为"抠图"。Photoshop提供了大量的选择工具和命令以方便用户选择不同类型的对象。但很多复杂的图像，如人像、毛发等，需要多种工具配合才能抠出。Photoshop选择和抠图的方法主要包括基本形状选择法、色调差异选择法、快速蒙版选择法、简单选区细化法、钢笔工具选择法、通道选择法以及插件选择法。

第 **5** 章

修复与修饰图像

❖ 修复图像
❖ 擦除图像
❖ 复制图像
❖ 修饰图像
❖ 专题课堂——美化图像

本章要点

本章主要内容

　　本章主要介绍修复图像、擦除图像、复制图像、修饰图像以及美化图像方面的知识与技巧，在本章的最后还针对实际工作需求，讲解了使用画笔修复工具去除鱼尾纹、【仿制源】面板和颜色替换工具的方法。通过本章的学习，读者可以掌握修复与修饰图像方面的知识，为深入学习 Photoshop CC 知识奠定基础。

Photoshop CC 中文版图像处理

Section 5.1 修复图像

导读 　　在 Photoshop CC 中，用户可以使用修复画笔工具、修补工具、污点修复画笔工具、红眼工具和颜色替换工具等对图像进行修复。本节将重点介绍修复图像效果方面的知识。

5.1.1　修复画笔工具

微课堂 00分26秒

　　修复画笔工具可将样本像素的纹理、光照、透明度和阴影与所修复的像素进行匹配，使修复后的像素不留痕迹地融入图像中。下面介绍运用修复画笔工具的方法。

操作步骤　>>　Step by Step

第1步　　打开图像文件，**1.** 单击工具箱中的【修复画笔工具】按钮 ，**2.** 按住 Alt 键，当鼠标指针变成 时，在图像皮肤光滑处单击取样，如图 5-1 所示。

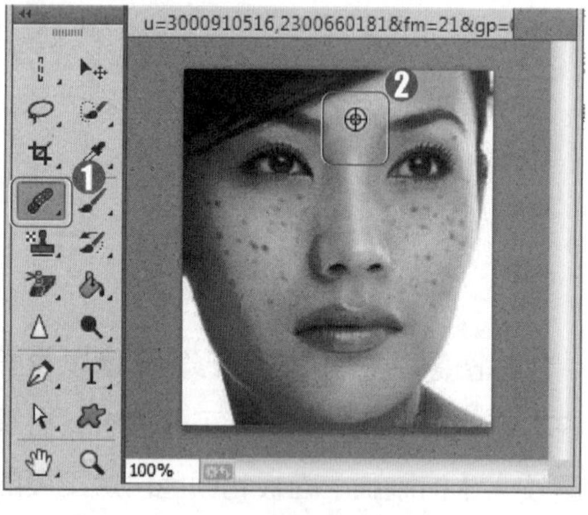

第2步　　当鼠标指针变成 时，在图像需要修复的位置上，重复单击并拖动鼠标的操作，直至修复图像为止，如图 5-2 所示。

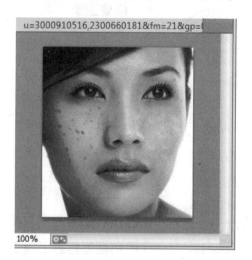

图 5-1

图 5-2

5.1.2　污点修复画笔工具

微课堂 00分22秒

　　在 Photoshop CC 中，污点修复画笔工具可以快速移去照片中的污点和其他不理想部分，下面介绍运用污点修复画笔工具的方法。

操作步骤　>>　Step by Step

第1步　打开图像文件，**1.** 单击工具箱中的【污点修复画笔工具】按钮 ，**2.** 当鼠标指针变为 ○ 时，在需要修复的位置，进行鼠标拖动涂抹的操作，如图 5-3 所示。

第2步　可以看到人物左侧脸上的斑点已经修复，通过以上方法即可完成运用污点修复画笔工具的操作，如图 5-4 所示。

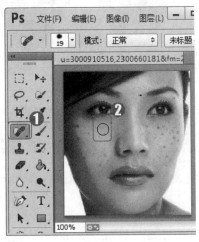

图 5-3

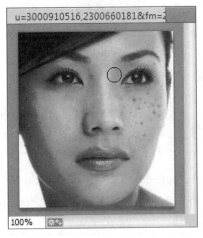

图 5-4

🔅 知识拓展

如果在污点修复画笔工具选项栏中选择"对所有图层取样"，用户可从所有可见图层中对数据进行取样，否则只从现用图层中取样。

5.1.3　修补工具

微课堂
00分24秒

在 Photoshop CC 中，修补工具是通过将取样像素的纹理等因素与修补图像的像素进行匹配，清除图像中的杂点，下面介绍运用修补工具的方法。

🔅 知识拓展

在 Photoshop CC 中，使用修补工具时，在修补工具选项栏中选中【目标】单选按钮，用户可以进行复制选中图像的操作。

操作步骤　>>　Step by Step

第1步　打开图像文件，**1.** 单击工具箱中的【修补工具】按钮 ⚙，**2.** 在修补工具选项栏中单击【目标】按钮，**3.** 当鼠标指针变为 ⚙ 时，在文档窗口中选取需要修补的图像区域，如图 5-5 所示。

第2步　将鼠标指针移动至选区的周围，当鼠标指针变成 ⚙ 时，单击并拖动鼠标，移动到可以替换需要修复图像的位置，如图 5-6 所示。

Photoshop CC 中文版图像处理

图 5-5

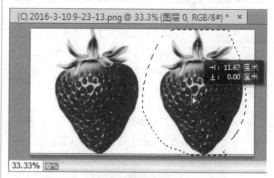

图 5-6

5.1.4 红眼工具

在 Photoshop CC 中，用户使用红眼工具可以修复由闪光灯照射到人眼时，瞳孔放大而产生的视网膜泛红现象。下面介绍运用红眼工具的操作方法。

操作步骤 >> Step by Step

第1步 打开图像文件，**1.** 单击工具箱中的【红眼工具】按钮，**2.** 当鼠标指针变为
时，在需要修复红眼的地方单击，如图 5-7 所示。

第2步 通过以上方法即可完成运用红眼工具修复图像的操作，如图 5-8 所示。

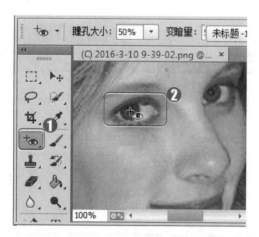

图 5-7

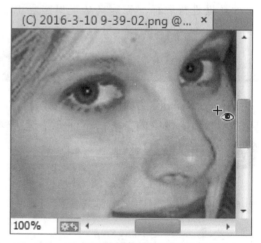

图 5-8

5.1.5 颜色替换工具

在 Photoshop CC 中，颜色替换工具能够简化图像中特定颜色的替换，下面介绍运用颜

色替换工具的方法。

操作步骤　>>　Step by Step

第 1 步　打开图像文件，*1.* 创建准备替换颜色的选区，*2.* 在工具箱中单击【颜色替换工具】按钮，*3.* 在工具箱中选择准备替换的前景颜色，如图 5-9 所示。

第 2 步　当鼠标指针变为⊕时，对图像进行涂抹操作，通过以上方法即可完成运用颜色替换工具替换图像颜色的操作，如图 5-10 所示。

图 5-9

图 5-10

Section
5.2　擦除图像

在 Photoshop CC 中，图像擦除工具包括橡皮擦工具、背景橡皮擦工具和魔术橡皮擦工具等。本节将重点介绍擦除图像方面的知识。

5.2.1　橡皮擦工具

微课堂
00 分 32 秒

使用橡皮擦工具在图像中拖动时，会更改图像中的像素，如果在背景图层或透明区域锁定的图层中工作，抹除的像素会更改为背景色，否则抹除的像素会变为透明。下面介绍运用橡皮擦工具的方法。

Photoshop CC 中文版图像处理

操作步骤 >> **Step by Step**

第1步 打开图像文件，**1.** 单击工具箱中的【橡皮擦工具】按钮，**2.** 在背景色选项中设置准备擦除的颜色，当鼠标指针变为 时，在需要擦除图像的位置拖动鼠标进行涂抹操作，如图 5-11 所示。

图 5-11

第2步 通过以上方法即可完成运用橡皮擦工具擦除水印的操作，如图 5-12 所示。

图 5-12

5.2.2 背景橡皮擦工具

微课堂
00 分 25 秒

在 Photoshop CC 中，背景橡皮擦工具可以自动识别图像的边缘，将背景擦为透明区域，下面介绍使用背景橡皮擦工具的方法。

操作步骤 >> **Step by Step**

第1步 打开图像文件，**1.** 在工具箱中单击【背景橡皮擦工具】按钮，**2.** 当鼠标指针变为 时，在需要擦除图像的位置拖动鼠标进行擦除操作，如图 5-13 所示。

图 5-13

第2步 对图像进行反复的涂抹操作后，此时图像中的部分区域已经转变成透明区域，通过以上方法即可完成使用背景橡皮擦工具的操作，如图 5-14 所示。

图 5-14

知识拓展

如果不将背景图层转换为普通图层，那么使用背景橡皮擦工具擦除后，该图层也会自动转换为普通图层。

5.2.3　魔术橡皮擦工具

微课堂 00 分 27 秒

在 Photoshop CC 中，使用魔术橡皮擦工具在图层中单击时，该工具会将所有相似的像素更改为透明，下面介绍运用魔术橡皮擦工具的方法。

操作步骤 >> **Step by Step**

第 1 步　打开图像文件，**1.** 在工具箱中单击【魔术橡皮擦工具】按钮 ，**2.** 当鼠标指针变为 形状时，在需要擦除图像的位置处单击，如图 5-15 所示。

第 2 步　此时在图像中，部分区域已经转换成透明区域，通过以上方法即可完成使用魔术橡皮擦工具的操作，如图 5-16 所示。

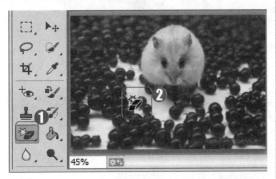

图 5-15

图 5-16

Section 5.3　复制图像

在 Photoshop CC 中，运用仿制图章工具和图案图章工具，用户可以对图像的局部区域进行编辑或复制，这样可以使用复制的图像范围修复图像破损或不整洁的区域。本节将重点介绍复制图像方面的知识。

5.3.1　图案图章工具

微课堂 00 分 12 秒

图案图章工具可以利用 Photoshop 提供的图案或用户自定义的图案进行绘画。下面详

Photoshop CC 中文版图像处理

细介绍使用图案图章工具的操作方法。

操作步骤 >> **Step by Step**

第1步　打开图像文件，*1.* 创建准备填充图案的选区，*2.* 在工具箱中单击【图案图章工具】按钮🏷️，*3.* 在工具选项栏的【图案样式】下拉列表中，选择准备填充的图案样式，如图 5-17 所示。

第2步　选择准备填充的图案样式后，当鼠标指针变为○形状时，反复涂抹图像，填充选择的图案样式。完成涂抹图像的操作后，此时选区内的图像已经被选择图案样式所覆盖。通过以上方法即可完成使用图案图章工具复制图像的操作，如图 5-18 所示。

图 5-17

图 5-18

5.3.2　仿制图章工具

微课堂
00 分 25 秒

用户使用仿制图章工具可以复制图形中的信息，同时将其应用到其他位置，这样可以修复图像中的污点、褶皱和光斑等，下面介绍运用仿制图章工具的方法。

操作步骤 >> **Step by Step**

第1步　打开图像文件，*1.* 在工具箱中单击【仿制图章工具】按钮🏷️，*2.* 按住 Alt 键，当鼠标指针变为⊕形状时，在需要复制图像的位置处单击，如图 5-19 所示。

第2步　复制取样工作完成后，在准备仿制该图案的位置进行连续单击操作，直至仿制图案成功为止，如图 5-20 所示。

图 5-19

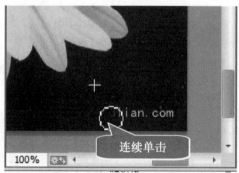

连续单击

图 5-20

知识拓展

在仿制图章工具选项栏中，取消选中【对齐】复选框，则会在每次停止并重新开始绘制时使用初始取样点中的样本像素。在【模式】下拉列表框中，用户可以设置仿制图章工具的填充模式，在【不透明度】文本框中输入数值，用户可以设置仿制图章填充图案时，图案的不透明度。

Section 5.4 修饰图像

在 Photoshop CC 中，用户可以运用模糊工具、锐化工具、涂抹工具、加深工具和减淡工具等对图像的局部区域进行修饰或特效的制作，本节将重点介绍修饰图像方面的知识。

5.4.1 涂抹工具

微课堂
00分16秒

在 Photoshop CC 中，用户使用涂抹工具可以模拟手指拖过湿油漆时所看到的效果，下面介绍运用涂抹工具的方法。

操作步骤 >> Step by Step

第1步 打开图像文件，**1.** 在工具箱中单击【涂抹工具】按钮，**2.** 对准备涂抹的图像区域进行涂抹的操作，如图 5-21 所示。

图 5-21

第2步 对图像进行反复的涂抹，当达到用户满意的制作效果后释放鼠标，通过以上方法即可完成使用涂抹工具涂抹图像的操作，如图 5-22 所示。

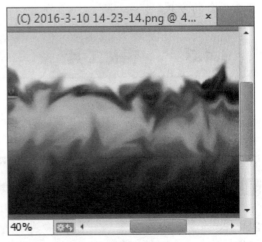

图 5-22

Photoshop CC 中文版图像处理

5.4.2 模糊工具

在 Photoshop CC 中，用户使用模糊工具可以减少图像中的细节显示，使图像产生柔化模糊的效果，下面介绍运用模糊工具的方法。

操作步骤 >> Step by Step

第1步 打开图像文件，**1.** 在工具箱中单击【模糊工具】按钮，**2.** 在文档窗口中对准备模糊的图像进行涂抹的操作，如图 5-23 所示。

第2步 对图像进行反复的涂抹操作，当达到用户满意的制作效果后释放鼠标，通过以上方法即可完成使用模糊工具模糊图像的操作，如图 5-24 所示。

图 5-23

图 5-24

知识拓展

在模糊工具选项栏的【模式】下拉列表框中，用户可以指定模糊的像素与图像中其他像素混合的方式。

5.4.3 锐化工具

在 Photoshop CC 中，用户使用锐化工具可以增加图像的清晰度或聚焦程度，但不会过度锐化图像，下面介绍运用锐化工具的方法。

操作步骤 >> Step by Step

第1步 在 Photoshop CC 中打开图像文件，**1.** 在工具箱中单击【锐化工具】按钮，**2.** 在文档窗口中对准备锐化的图像进行涂抹的操作，如图 5-25 所示。

第2步 对图像进行反复的涂抹操作，当达到用户满意的制作效果后释放鼠标，通过以上操作方法即可完成使用锐化工具锐化图像的操作，如图 5-26 所示。

微课堂学电脑

图 5-25

图 5-26

5.4.4　海绵工具

微课堂
00 分 09 秒

在 Photoshop CC 中，海绵工具可以对图像的区域加色或去色，用户可以使用海绵工具使对象或区域上的颜色更鲜明或柔和，下面介绍运用海绵工具的方法。

操作步骤　>>　**Step by Step**

第1步　打开图像文件，**1.** 在工具箱中单击【海绵工具】按钮 ，**2.** 在海绵工具选项栏下的【模式】下拉列表框中选择【加色】选项，**3.** 对准备吸取颜色的图像区域进行涂抹的操作，如图 5-27 所示。

第2步　对图像进行反复的涂抹操作，达到用户满意的制作效果后释放鼠标，通过以上方法即可完成使用海绵工具的操作，如图 5-28 所示。

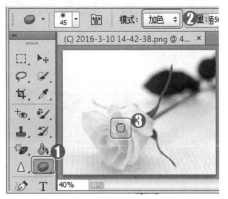

图 5-27

图 5-28

5.4.5　加深工具

微课堂
00 分 14 秒

在 Photoshop CC 中，加深工具用于调节照片特定区域的曝光度，用户使用加深工具可

Photoshop CC 中文版图像处理

使图像区域变暗，下面介绍运用加深工具的方法。

操作步骤 >> **Step by Step**

第1步 打开图像文件，**1.** 在工具箱中单击【加深工具】按钮 ◔，**2.** 在文档窗口中对准备加深颜色的图像区域进行涂抹的操作，如图 5-29 所示。

第2步 对图像进行反复的涂抹操作，达到用户满意的制作效果后释放鼠标，通过以上方法即可完成使用加深工具的操作，如图 5-30 所示。

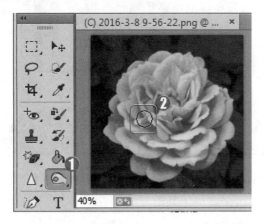

图 5-29

图 5-30

Section 5.5　专题课堂——美化图像

导读 　减淡工具、内容感知移动工具等可以对照片进行润饰，改善图像的细节、色调、曝光以及色彩的饱和度等。这些工具适合小范围、局部图像的操作。本节将介绍美化图像的操作。

5.5.1　减淡工具

在 Photoshop CC 中，减淡工具用于调节照片特定区域的曝光度，用户使用减淡工具可使图像区域变亮，下面介绍运用减淡工具的方法。

 专家解读

用减淡工具或加深工具在某个区域上绘制的次数越多，该区域就会变得越亮或越暗。

操作步骤　>>　**Step by Step**

第 1 步　打开图像文件，**1.** 在工具箱中单击【减淡工具】按钮 🔍，**2.** 在文档窗口中对准备颜色减淡的图像区域进行涂抹的操作，如图 5-31 所示。

第 2 步　对图像进行反复的涂抹操作，达到用户满意的制作效果后释放鼠标，通过以上方法即可完成使用减淡工具的操作，如图 5-32 所示。

图 5-31

图 5-32

5.5.2　创建自定义图案

微课堂

00 分 24 秒

在 Photoshop CC 中，如果程序自带的图案不能满足用户的使用需要，用户可以自定义图案，方便用户进行编辑，下面介绍自定义图案的方法。

操作步骤　>>　**Step by Step**

第 1 步　在准备自定义图案的区域创建选区，**1.** 单击【编辑】主菜单，**2.** 在弹出的菜单中选择【定义画笔预设】菜单项，如图 5-33 所示。

第 2 步　弹出【画笔名称】对话框，**1.** 在【名称】文本框中输入预设画笔的名称，**2.** 单击【确定】按钮，如图 5-34 所示。

图 5-33

图 5-34

Photoshop CC 中文版图像处理

第3步 新建空白文件，在工具箱中单击图案图章工具，在图案图章工具选项栏的【画笔预设选择器】下拉列表中选择自定义的画笔，如图 5-35 所示。

第4步 在文档中单击鼠标，图案被绘制在文档中，通过以上步骤即可完成创建自定义图案的操作，如图 5-36 所示。

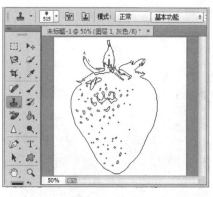

图 5-35

图 5-36

5.5.3 内容感知移动工具

内容感知移动工具是更加强大的修复工具，它可以选择和移动局部图像。当图像重新组合后，出现的空洞会自动填充相匹配的图像内容。用户不需要进行复杂的选择即可产生出色的视觉效果。下面详细介绍使用内容感知移动工具的方法。

操作步骤　>>　**Step by Step**

第1步 在 Photoshop CC 中打开图像文件，**1.** 在工具箱中单击【内容感知移动工具】按钮 ✛，**2.** 在图像上绘制选区，如图 5-37 所示。

第2步 将鼠标放置在选区中单击并拖动选区，这时 Photoshop 就会自动将选区内的影像与四周的景物融合在一起，而原始的区域则会进行智能填充，如图 5-38 所示。

图 5-37

图 5-38

实践经验与技巧

在本节的学习过程中，将侧重介绍和讲解本章知识点有关的实践经验与技巧，主要内容包括使用修复画笔工具去除鱼尾纹，以及【仿制源】面板、颜色替换工具等方面的知识与操作技巧。

5.6.1　使用修复画笔工具去除鱼尾纹

修复画笔工具还可以用于去除人像中的鱼尾纹，下面详细介绍使用修复画笔工具去除鱼尾纹的操作方法。

操作步骤　>>　Step by Step

第1步　在 Photoshop CC 中打开图像文件，**1.** 在工具箱中单击【修复画笔工具】按钮，**2.** 按住 Alt 键，在眼角没有皱纹的皮肤上单击进行取样，如图 5-39 所示。

第2步　释放 Alt 键，在眼角的皱纹处单击并拖曳鼠标进行修复，通过以上步骤即可完成使用修复画笔工具去除鱼尾纹的操作，如图 5-40 所示。

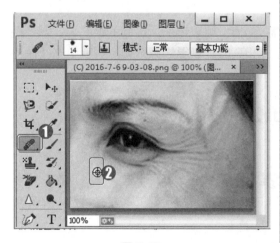

图 5-39

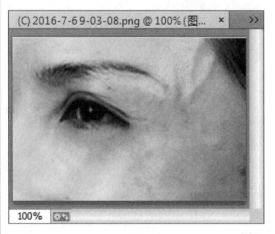

图 5-40

5.6.2　【仿制源】面板

使用仿制图章工具或修复画笔工具时，可以通过【仿制源】面板设置不同的样本源、

Photoshop CC 中文版图像处理

显示样本源的叠加，以帮助用户在特定位置仿制源。此外，它还可以缩放或旋转样本源，以便我们更好地匹配目标的大小和方向。

在 Photoshop 中打开一个图片，单击【窗口】主菜单，在弹出的菜单中选择【仿制源】菜单项即可打开【仿制源】面板，如图 5-41 和图 5-42 所示。

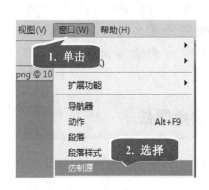

图 5-41

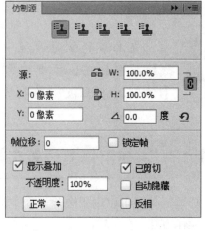

图 5-42

- ➤ 【仿制源】按钮：单击该按钮，使用仿制图章工具或修复画笔工具按住 Alt 键在画面中单击，可设置取样点；再单击下一个按钮，还可以继续取样，采用同样方法最多可以设置 5 个不同的取样源。【仿制源】面板会存储样本源，直到关闭文档。

- ➤ X 和 Y 文本框：如果想要在相对于取样点的特定位置进行绘制，可以指定 X 和 Y 像素位移值。

- ➤ W 和 H 文本框：输入 W(宽度)和 H(高度)值，可以缩放所仿制的源图像。默认情况下会约束比例。如果要单独修改宽度和高度或恢复约束选项，可以单击【保持长宽比】按钮。

- ➤ 【旋转】文本框：在该文本框中输入旋转角度，可以旋转仿制的源图像。

- ➤ 【水平翻转】按钮和【垂直翻转】按钮：单击这两个按钮可以进行水平和垂直翻转。

- ➤ 【复位变换】按钮：单击该按钮，可以将样本源复位到其初始的大小和方向。

- ➤ 【帧位移】文本框和【锁定帧】复选框：在【帧位移】文本框中输入帧数，可以使用与初始取样的帧相关的特定帧进行绘制。若选中【锁定帧】复选框，则总是使用初始取样的相同帧进行绘制。

→ **一点即通**

在 Photoshop 中，可以使用仿制图章工具和修复画笔工具来修饰或复制视频或动画帧中的对象。使用仿制图章对一个帧的一部分内容取样，并在相同帧或不同帧的其他部分上进行绘制。

5.6.3　颜色替换工具

00 分 15 秒

　　颜色替换工具可以用前景色替换图像中的颜色，该工具不能用于位图、索引或多通道颜色模式的图像。下面详细介绍使用颜色替换工具的操作方法。

操作步骤　>>　Step by Step

第1步　打开图像文件，**1.** 在工具箱中单击【颜色替换工具】按钮 ，**2.** 在颜色替换工具选项栏中单击【画笔预设】下拉按钮 ，**3.** 在弹出的画笔预设框中设置【大小】为 125，【硬度】为 0%，如图 5-43 所示。

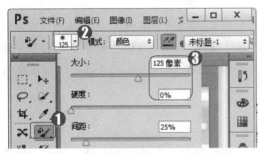

图 5-43

第3步　在模特头发上进行涂抹，替换头发颜色，如图 5-45 所示。

图 5-45

第2步　在【颜色】面板中输入 RGB 数值分别为 243、133、58 来调整前景色，如图 5-44 所示。

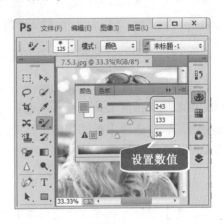

图 5-44

■ **指点迷津**

　　在替换颜色的同时可以适当地减小画笔大小以及画笔间距，这样在绘制小范围时比较准确。

Photoshop CC 中文版图像处理

Section 5.7 有问必答

1. 如何理解修复画笔工具选项栏中的"源"？

"源"是指用于修复像素的源，选中【取样】单选按钮时，可以使用当前图像的像素来修复图像；选中【图案】单选按钮时，可以使用某个图案作为取样点。

2. 如何避免红眼的产生？

红眼是由于相机闪光灯在主体视网膜上反光引起的，为了避免出现红眼，除了可以在Photoshop 中进行矫正以外，还可以使用相机的红眼消除功能来消除红眼。

3. 如何理解背景橡皮擦工具选项栏中的【限制】下拉按钮？

【限制】下拉按钮用于设置擦除图像时的限制模式，选择【不连续】选项时，可以擦除出现在光标下任何未知的样本颜色；选择【连续】选项时，只擦除包含样本颜色并且相互连接的区域；选择【查找边缘】选项时，可以擦除包含样本颜色的连接区域，同时更好地保留形状边缘的锐化程度。

4. 如何理解海绵工具选项栏中的【流量】下拉按钮？

【流量】下拉按钮可以为海绵工具指定流量。数值越大，海绵工具的强度越大，效果越明显。

5. 如何理解景深效果？

景深就是指拍摄主题前后所能在一张照片上成像的空间层次的深度。简单地说，景深就是聚焦清晰的焦点前后可接受的清晰区域。景深在实际工作中的使用频率非常高，常用于突出画面重点。使用 Photoshop 中的模糊工具可以为画面添加景深效果。

第 **6** 章

图像色调与色彩

❖ 调整色彩效果
❖ 快速调整图像
❖ 校正图像色彩
❖ 专题课堂——自定义调整色调

　　本章主要介绍调整色彩效果、快速调整图像、校正图像色彩和自定义调整色调方面的知识与技巧，在本章的最后还针对实际工作需求，讲解了曝光度命令、色相饱和度命令和可选颜色命令的使用方法。通过本章的学习，读者可以掌握图像色调与色彩方面的知识，为深入学习 Photoshop CC 知识奠定基础。

Photoshop CC 中文版图像处理

　　在 Photoshop CC 中，用户可以对图像进行特殊颜色的设置，以便制作出精美的艺术效果。本节将重点介绍制作图像色调与色彩效果方面的知识。

6.1.1　色调分离

微课堂
00分23秒

操作步骤　>>　Step by Step

第1步　打开图像文件，**1.** 单击【图像】主菜单，**2.** 在弹出的菜单中选择【调整】菜单项，**3.** 在弹出的子菜单中选择【色调分离】菜单项，如图 6-1 所示。

图 6-1

第3步　通过以上方法即可完成运用色调分离命令的操作，如图 6-3 所示。

图 6-3

第2步　弹出【色调分离】对话框，**1.** 在【色阶】文本框中输入色阶数值，**2.** 单击【确定】按钮，如图 6-2 所示。

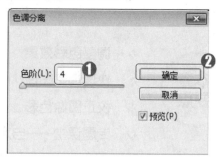

图 6-2

■ 指点迷津

　　在【色调分离】对话框中，【色阶】文本框用来控制分离的色调多少。色阶值越小，分离的色调越多；色阶值越大，保留的图像细节就越多。

6.1.2　反相

微课堂
00分18秒

在 Photoshop CC 中，用户使用【反相】命令可以将照片制作出底片效果，或将底片图像转换成冲印效果，下面介绍运用【反相】命令的方法。

操作步骤 >> Step by Step

第1步 在 Photoshop CC 中打开图像文件，1. 单击【图像】主菜单，2. 在弹出的菜单中选择【调整】菜单项，3. 在弹出的子菜单中选择【反相】菜单项，如图6-4所示。

第2步 通过以上方法即可完成运用【反相】命令的操作，如图6-5所示。

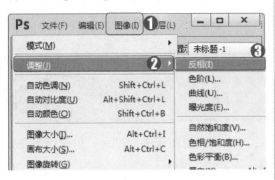

图 6-4

图 6-5

知识拓展

在 Photoshop CC 中，打开准备进行反相操作的图像文件，按下组合键 Ctrl+I，用户同样可以快速对图像进行反相操作。

6.1.3　阈值

微课堂
00 分 23 秒

在 Photoshop CC 中，用户使用【阈值】命令可以对图像进行黑白图像效果的制作，下面介绍运用【阈值】命令的方法。

操作步骤 >> Step by Step

第1步 打开图像文件，1. 单击【图像】主菜单，2. 在弹出的菜单中选择【调整】菜单项，3. 在弹出的子菜单中选择【阈值】菜单项，如图6-6所示。

第2步 弹出【阈值】对话框，1. 在【阈值色阶】文本框中输入图像的阈值数值，2. 单击【确定】按钮，如图6-7所示。

图 6-6

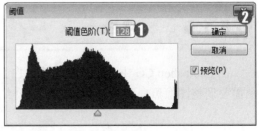

图 6-7

Photoshop CC 中文版图像处理

第 3 步 通过以上方法即可完成运用【阈值】命令的操作，如图 6-8 所示。

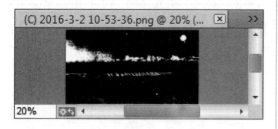

图 6-8

■ **指点迷津**

阈值是基于图片亮度的一个黑白分界值。在 Photoshop 中使用【阈值】命令将删除图像中的色彩信息，将其转换为只有黑、白两色的图像，并且比阈值亮的像素将转换为白色，比阈值暗的像素将转换为黑色。

6.1.4　去色

微课堂　00 分 18 秒

在 Photoshop CC 中，用户使用【去色】命令可以快速将图像去除颜色，只保留黑白效果，下面介绍使用【去色】命令的方法。

操作步骤 >> Step by Step

第 1 步 打开图像文件，*1.* 单击【图像】主菜单，*2.* 在弹出的菜单中选择【调整】菜单项，*3.* 在弹出的子菜单中选择【去色】菜单项，如图 6-9 所示。

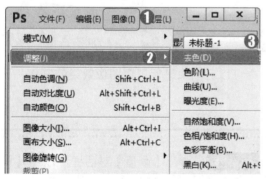

图 6-9

第 2 步 通过以上方法即可完成运用【去色】命令的操作，如图 6-10 所示。

图 6-10

6.1.5　黑白

微课堂　00 分 26 秒

在 Photoshop CC 中，用户使用【黑白】命令可将图像颜色设置成黑白效果，并根据绘图需要调整图像黑白显示的效果，下面介绍使用【黑白】命令的方法。

操作步骤　>>　**Step by Step**

第1步　在 Photoshop CC 中打开图像文件，*1.* 单击【图像】主菜单，*2.* 在弹出的菜单中选择【调整】菜单项，*3.* 在弹出的子菜单中选择【黑白】菜单项，如图6-11所示。

第2步　弹出【黑白】对话框，*1.* 在【红色】、【黄色】、【绿色】、【青色】、【蓝色】和【洋红】文本框中输入数值，*2.* 单击【确定】按钮，如图6-12所示。

图 6-11

第3步　通过以上方法即可完成运用【黑白】命令的操作，如图6-13所示。

图 6-13

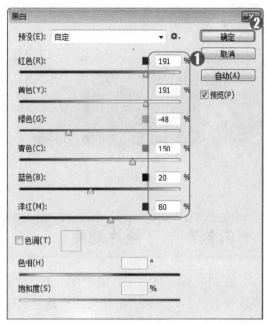

图 6-12

6.1.6　渐变映射

微课堂
00 分 32 秒

在 Photoshop CC 中，用户使用【渐变映射】命令可以将图像填充成不同的渐变色调，下面介绍运用【渐变映射】命令的方法。

操作步骤　>>　**Step by Step**

第1步　打开图像文件，*1.* 单击【图像】主菜单，*2.* 在弹出的菜单中选择【调整】菜单项，*3.* 在弹出的子菜单中选择【渐变映射】菜单项，如图6-14所示。

第2步　弹出【渐变映射】对话框，*1.* 在【灰度映射所用的渐变】下拉列表框中设置渐变映射选项，*2.* 单击【确定】按钮，如图6-15所示。

Photoshop CC 中文版图像处理

图 6-14

第 3 步 通过以上方法即可完成运用渐变映射命令的操作，如图 6-16 所示。

图 6-16

图 6-15

■ 指点迷津

在【渐变映射】对话框中，选中【仿色】复选框，Photoshop 会添加一些随机的杂色来平滑渐变效果；选中【反向】复选框，可以翻转渐变的填充方向，映射出的渐变效果也会发生变化。

6.1.7   照片滤镜

微课堂
00 分 30 秒

在 Photoshop CC 中，用户使用【照片滤镜】命令可以快速设置图像滤镜颜色，快速改变图像的色温，下面介绍使用照片滤镜的操作方法。

操作步骤 >> Step by Step

第 1 步 打开图像文件，**1.** 单击【图像】主菜单，**2.** 在弹出的菜单中选择【调整】菜单项，**3.** 在弹出的子菜单中选择【照片滤镜】菜单项，如图 6-17 所示。

第 2 步 弹出【照片滤镜】对话框，**1.** 选中【颜色】单选按钮，**2.** 在【颜色】列表框中设置滤镜颜色，**3.** 在【浓度】文本框中输入滤镜颜色的浓度数值，**4.** 单击【确定】按钮，如图 6-18 所示。

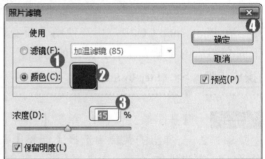

图 6-18

图 6-17

第3步　通过以上方法即可完成运用【照片滤镜】命令的操作，如图 6-19 所示。

rBACFFJrh_3DgZKIAAAZ9nC2V3Q319_200x.

40%

图 6-19

■ **指点迷津**

　　在【照片滤镜】对话框中，如果对参数的设置不满意，可以按住 Alt 键，此时【取消】按钮将变成【复位】按钮，单击该按钮可以将参数设置恢复到默认值。

 知识拓展

　　【照片滤镜】命令可以模仿在相机镜头前面添加彩色滤镜的效果，使用该命令可以快速调整通过镜头传输的光的色彩平衡、色温和胶片曝光，以改变照片颜色倾向。

Section 6.2　快速调整图像

 导读　　在 Photoshop CC 中，用户可以对图像进行自动调整色调、自动调整对比度和自动校正图像偏色等操作，本节将重点介绍图像颜色的自定义校正方面的知识。

6.2.1　自动色调

微课堂　00分14秒

　　在 Photoshop CC 中，用户使用【自动色调】命令可以增强图像的对比度和明暗程度，下面介绍运用【自动色调】命令的方法。

操作步骤　>>　**Step by Step**

第1步　打开图像文件，**1.** 单击【图像】主菜单，**2.** 在弹出的菜单中选择【自动色调】菜单项，如图 6-20 所示。

图 6-20

第2步　通过以上方法即可完成运用自动色调命令的操作，如图 6-21 所示。

图 6-21

Photoshop CC 中文版图像处理

6.2.2 自动颜色

微课堂
00分14秒

在 Photoshop CC 中，用户运用【自动颜色】命令可以通过对图像中的中间调、阴影和高光进行标识，自动校正图像偏色问题，下面介绍运用【自动颜色】命令的方法。

操作步骤　>>　Step by Step

第1步　打开图像文件，**1.** 单击【图像】主菜单，**2.** 在弹出的菜单中选择【自动颜色】菜单项，如图 6-22 所示。

图 6-22

第2步　通过以上方法即可完成运用【自动颜色】命令的操作，如图 6-23 所示。

图 6-23

6.2.3 自动对比度

微课堂
00分14秒

在 Photoshop CC 中，用户使用【自动对比度】命令可以自动调整图像的对比度，下面介绍运用【自动对比度】命令的方法。

操作步骤　>>　Step by Step

第1步　打开图像文件，**1.** 单击【图像】主菜单，**2.** 在弹出的菜单中选择【自动对比度】菜单项，如图 6-24 所示。

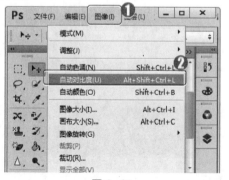

图 6-24

第2步　通过以上方法即可完成运用【自动对比度】命令的操作，如图 6-25 所示。

图 6-25

· 微 课 堂 学 电 脑

Section

6.3 校正图像色彩

在 Photoshop CC 中，用户可对图像进行手动校正图像色彩与色调的操作，这样可以根据用户的编辑需求进行色彩调整，本节将重点介绍图像色彩校正方面的知识。

6.3.1 【阴影/高光】命令

微课堂 00分34秒

在 Photoshop CC 中，用户使用【阴影/高光】命令可以对图像中的阴影或高光区域相邻的像素进行校正处理，下面介绍使用【阴影/高光】命令的方法。

操作步骤 >> Step by Step

第1步 打开图像文件，**1.** 单击【图像】主菜单，**2.** 在弹出的菜单中选择【调整】菜单项，**3.** 在弹出的子菜单中选择【阴影/高光】菜单项，如图 6-26 所示。

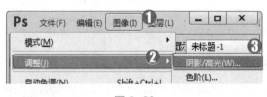

图 6-26

第3步 通过以上方法即可完成运用【阴影/高光】命令的操作，如图 6-28 所示。

图 6-28

第2步 弹出【阴影/高光】对话框，**1.** 在【阴影】区域中的【数量】文本框中，设置图像阴影数值，**2.** 在【高光】区域中的【数量】文本框中，设置图像高光数值，**3.** 单击【确定】按钮，如图 6-27 所示。

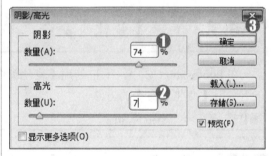

图 6-27

■ 指点迷津

如果要将存储的默认值恢复为默认值，可以在【阴影/高光】对话框中按住 Shift 键，此时【存储为默认值】按钮会变成【复位默认值】按钮，单击即可复位。

6.3.2 【亮度/对比度】命令

微课堂 00分32秒

在 Photoshop CC 中，用户运用【亮度/对比度】命令可以对图像进行亮度和对比度的

Photoshop CC 中文版图像处理

自定义调整，下面介绍运用【亮度/对比度】命令的方法。

操作步骤 >> **Step by Step**

第1步 打开图像文件，**1.** 单击【图像】主菜单，**2.** 在弹出的菜单中选择【调整】菜单项，**3.** 在弹出的子菜单中选择【亮度/对比度】菜单项，如图 6-29 所示。

图 6-29

第3步 通过以上方法即可完成运用【亮度/对比度】命令的操作，如图 6-31 所示。

图 6-31

第2步 弹出【亮度/对比度】对话框，**1.** 在【亮度】文本框中输入数值，**2.** 在【对比度】文本框中输入数值，**3.** 单击【确定】按钮，如图 6-30 所示。

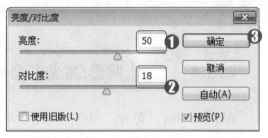

图 6-30

■ **指点迷津**

在【亮度/对比度】对话框中，【亮度】文本框用来设置图像的整体亮度，【对比度】文本框用于设置图像亮度对比度的强烈程度。

6.3.3 【变化】命令

在 Photoshop CC 中，用户使用【变化】命令可以快速调整图像的不同着色效果，下面介绍运用【变化】命令的方法。

操作步骤 >> **Step by Step**

第1步 打开图像文件，**1.** 单击【图像】主菜单，**2.** 在弹出的菜单中选择【调整】菜单项，**3.** 在弹出的子菜单中选择【变化】菜单项，如图 6-32 所示。

图 6-32

第2步 弹出【变化】对话框，**1.** 选中【中间调】单选按钮，**2.** 拖动【精细/粗糙】滑块，设置色调的精细或粗糙程度，**3.** 单击【确定】按钮，如图 6-33 所示。

图 6-33

第 3 步　通过以上方法即可完成运用【变化】命令的操作，如图 6-34 所示。

图 6-34

■ 指点迷津

　　【变化】命令提供了多种可供挑选的效果，通过简单的单击即可调整图像的色彩、饱和度和明度，同时还可以预览调色的整个过程，是一个非常简单直观的调色命令。

6.3.4　【曲线】命令

微课堂　00 分 38 秒

　　在 Photoshop CC 中，用户使用【曲线】命令可以调整图像整体的明暗深度，下面介绍运用【曲线】命令的方法。

操作步骤 >> Step by Step

第 1 步　打开图像文件，*1.* 单击【图像】主菜单，*2.* 在弹出的菜单中选择【调整】菜单项，*3.* 在弹出的子菜单中选择【曲线】菜单项，如图 6-35 所示。

图 6-35

第 3 步　通过以上方法即可完成运用【曲线】命令的操作，如图 6-37 所示。

图 6-37

第 2 步　弹出【曲线】对话框，*1.* 在【曲线调整】区域中的高光范围内，向上拉伸曲线，设置第一个调整点，*2.* 在阴影范围中向下拉伸曲线，设置第二个调整点，*3.* 单击【确定】按钮，如图 6-36 所示。

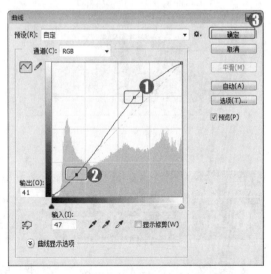

图 6-36

Photoshop CC 中文版图像处理

 知识拓展

在 Photoshop CC 中，打开准备调整颜色深度的图像文件，按下组合键 Ctrl+M，用户同样可以快速启动【曲线】命令对图像进行色调调整的操作。

6.3.5　【色阶】命令

微课堂
00 分 29 秒

在 Photoshop CC 中，【色阶】命令用来调整图像亮度，校正图像的色彩平衡，下面介绍运用【色阶】命令的方法。

操作步骤 >> Step by Step

第1步 打开图像文件，**1.** 单击【图像】主菜单，**2.** 在弹出的菜单中选择【调整】菜单项，**3.** 在弹出的子菜单中选择【色阶】菜单项，如图 6-38 所示。

图 6-38

第3步 通过以上方法即可完成运用【色阶】命令的操作，如图 6-40 所示。

图 6-40

第2步 弹出【色阶】对话框，**1.** 在【通道】下拉列表框中选择 RGB 选项，**2.** 在【输入色阶】区域下的【中间调】文本框中输入数值，**3.** 单击【确定】按钮，如图 6-39 所示。

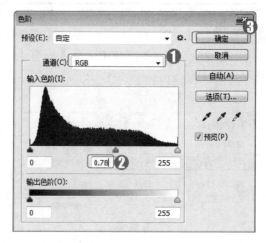

图 6-39

Section 6.4　专题课堂——自定义调整色调

导读

在 Photoshop CC 中，用户可以对图像的色调进行自定义调整设置，以便制作出精美的艺术效果。本节将重点介绍图像色调自定义调整方面的知识。

6.4.1 【色彩平衡】命令

微课堂
00 分 28 秒

在 Photoshop CC 中，用户使用【色彩平衡】命令可以调整图像偏色方面的问题，下面介绍使用【色彩平衡】命令的方法。

操作步骤 >> Step by Step

第1步　打开图像文件，**1.** 单击【图像】主菜单，**2.** 在弹出的菜单中选择【调整】菜单项，**3.** 在弹出的子菜单中选择【色彩平衡】菜单项，如图 6-41 所示。

第2步　弹出【色彩平衡】对话框，**1.** 在【色阶】区域后面的 3 个文本框中依次输入 48、-82、17，**2.** 选中【保持明度】复选框，**3.** 选中【中间调】单选按钮，**4.** 单击【确定】按钮，如图 6-42 所示。

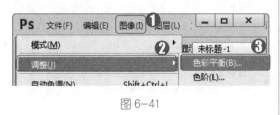

图 6-41

■ 指点迷津

使用色彩平衡命令调整图像的颜色时，根据颜色的补色原理，要减少某个颜色就增加这种颜色的补色。

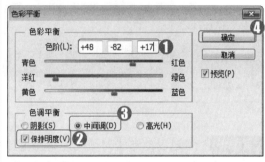

图 6-42

第3步　通过以上方法即可完成运用【色彩平衡】命令的操作，如图 6-43 所示。

图 6-43

☕ 专家解读

打开准备调整颜色色调的图像文件，按下组合键 Ctrl+B，用户同样可以快速启动【色彩平衡】命令对图像进行色调调整。在【色彩平衡】对话框中，选中【阴影】、【中间调】或【高光】单选按钮，图像色调调整的效果也不相同。

Photoshop CC 中文版图像处理

6.4.2 【自然饱和度】命令

在 Photoshop CC 中，用户运用【自然饱和度】命令可以对图像整体的饱和度进行调整，下面介绍运用【自然饱和度】命令的方法。

操作步骤 >> **Step by Step**

第1步 打开图像文件，**1.** 单击【图像】主菜单，**2.** 在弹出的菜单中选择【调整】菜单项，**3.** 在弹出的子菜单中选择【自然饱和度】菜单项，如图 6-44 所示。

第2步 弹出【自然饱和度】对话框，**1.** 在【自然饱和度】文本框中输入 82，**2.** 在【饱和度】文本框中输入 15，**3.** 单击【确定】按钮，如图 6-45 所示。

图 6-44

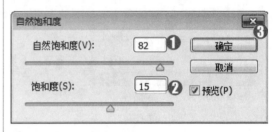

图 6-45

第3步 通过以上方法即可完成运用【自然饱和度】命令的操作，如图 6-46 所示。

图 6-46

■ 指点迷津

自然饱和度是 Adobe Photoshop CS4 及其后的版本中出现的调整命令。自然饱和度针对图像饱和度进行调整，在增加图像饱和度的同时有效地避免了颜色过于饱和而出现的溢色现象。

6.4.3 【匹配颜色】命令

在 Photoshop CC 中，用户使用【匹配颜色】命令可以将一个图像中的颜色与另一个图像中的颜色进行匹配，下面介绍运用【匹配颜色】命令的方法。

操作步骤　>> **Step by Step**

第1步　打开图像文件，*1.* 单击【图像】主菜单，*2.* 在弹出的菜单中选择【调整】菜单项，*3.* 在弹出的子菜单中选择【匹配颜色】菜单项，如图 6-47 所示。

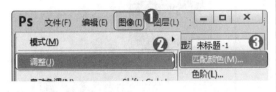

图 6-47

第3步　通过以上方法即可完成运用【匹配颜色】命令的操作，如图 6-49 所示。

图 6-49

第2步　弹出【匹配颜色】对话框，*1.* 在【明亮度】、【颜色强度】和【渐隐】文本框中输入数值，*2.* 在【源】下拉列表框中选择准备使用的源文件，*3.* 单击【确定】按钮，如图 6-48 所示。

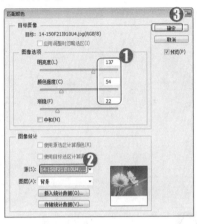

图 6-48

6.4.4　【替换颜色】命令

微课堂
00 分 38 秒

在 Photoshop CC 中，用户使用【替换颜色】命令可以将图像中的某一种颜色替换成其他颜色，下面介绍运用【替换颜色】命令的方法。

操作步骤　>> **Step by Step**

第1步　打开图像文件，*1.* 单击【图像】主菜单，*2.* 在弹出的菜单中选择【调整】菜单项，*3.* 在弹出的子菜单中选择【替换颜色】菜单项，如图 6-50 所示。

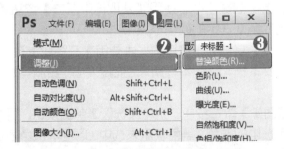

图 6-50

Photoshop CC 中文版图像处理

第2步　弹出【替换颜色】对话框，*1.* 在
【颜色容差】文本框中输入 120，*2.* 在预览
图像中选取需要替换的颜色，*3.* 在【色相】、
【饱和度】和【明度】文本框中输入数值，
4. 单击【确定】按钮，如图 6-51 所示。

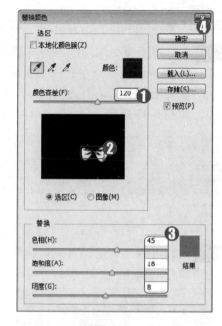

图 6—51

第3步　通过以上方法即可完成运用【替换颜色】命令的操作，如图 6-52 所示。

图 6—52

在【替换颜色】对话框中各选项功能如下。

➤　【吸管】按钮：使用吸管工具在图像上单击，可以选中单击点的颜色，同时在
【选区】区域下的缩略图中也会显示出选中的颜色区域(白色代表选中的颜色，黑
色代表未选中的颜色)；使用【添加到取样】按钮在图像上单击，可以将单击点
的颜色添加到选中的颜色中；使用【从取样中减去】按钮在图像上单击，可以
将单击点处的颜色从选定的颜色中减去。

➤　【本地化颜色簇】复选框：该复选框主要用来在图像上选择多种颜色。

➤　【颜色容差】文本框：该文本框用来控制选中颜色的范围。数值越大，选中的颜
色范围越广。

➤　【选区】和【图像】单选按钮：选中【选区】单选按钮，可以蒙版方式进行显示，
其中白色表示选中的颜色，黑色表示未选中的颜色，灰色表示只选中了部分颜色；
选中【图像】单选按钮，则只显示图像。

Section
6.5 实践经验与技巧

在本节的学习过程中，将侧重讲解与本章知识点有关的实践经验与技巧，主要内容包括使用【曝光度】命令、【色相/饱和度】命令和【可选颜色】命令等方面的知识与操作技巧。

6.5.1 【曝光度】命令

微课堂
00分31秒

在 Photoshop CC 中，用户使用【曝光度】命令可以快速调整图像的曝光度，下面介绍使用【曝光度】命令的方法。

操作步骤 >> Step by Step

第1步 打开图像文件，*1.* 单击【图像】主菜单，*2.* 在弹出的菜单中选择【调整】菜单项，*3.* 在弹出的子菜单中选择【曝光度】菜单项，如图 6-53 所示。

第2步 弹出【曝光度】对话框，*1.* 在【曝光度】文本框中输入 1.43，*2.* 在【位移】文本框中输入 0.0476，*3.* 在【灰度系数校正】文本框中输入 0.69，*4.* 单击【确定】按钮，如图 6-54 所示。

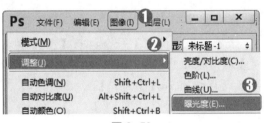

图 6-53

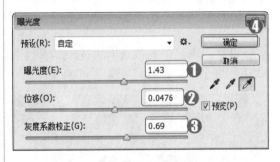

图 6-54

第3步 通过以上方法即可完成运用【曝光度】命令的操作，如图 6-55 所示。

图 6-55

■ 指点迷津

【曝光度】命令不是通过当前颜色空间，而是通过在线性颜色空间执行计算而得出的曝光效果。使用【曝光度】命令可以通过调整曝光度、位移、灰度系数 3 个参数来调整照片的对比反差，修复照片中常见的曝光过度等问题。

Photoshop CC 中文版图像处理

6.5.2　【色相/饱和度】命令

微课堂
00分30秒

在 Photoshop CC 中，用户运用【色相/饱和度】命令可以对图像的整体色相与饱和度进行调整，这样可以使图像的颜色更加浓烈饱满，下面介绍运用【色相/饱和度】命令的方法。

操作步骤　>> Step by Step

第1步　打开图像文件，**1.** 单击【图像】主菜单，**2.** 在弹出的菜单中选择【调整】菜单项，**3.** 在弹出的子菜单中选择【色相/饱和度】菜单项，如图6-56所示。

第2步　弹出【色相/饱和度】对话框，**1.** 在【色相】文本框中输入-22，**2.** 在【饱和度】文本框中输入 43，**3.** 在【明度】文本框中输入 0，**4.** 单击【确定】按钮，如图6-57所示。

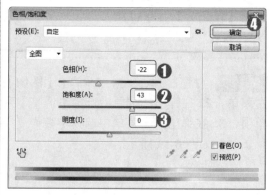

图 6-57

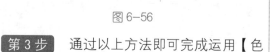

图 6-56

第3步　通过以上方法即可完成运用【色相/饱和度】命令的操作，如图6-58所示。

图 6-58

■ 指点迷津

除了使用【调整】命令打开【色相/饱和度】对话框之外，按 Ctrl+U 组合键同样可以打开【色相/饱和度】对话框。

6.5.3　【可选颜色】命令

微课堂
00分30秒

在 Photoshop CC 中，用户使用【可选颜色】命令可以对图像中的颜色平衡进行校正和设置，下面介绍运用【可选颜色】命令的方法。

操作步骤 >> Step by Step

第1步 在 Photoshop CC 中打开图像文件，*1.* 单击【图像】主菜单，*2.* 在弹出的菜单中选择【调整】菜单项，*3.* 在弹出的子菜单中选择【可选颜色】菜单项，如图 6-59 所示。

图 6-59

第3步 通过以上方法即可完成运用【可选颜色】命令的操作，如图 6-61 所示。

图 6-61

第2步 弹出【可选颜色】对话框，*1.* 在【颜色】下拉列表框中选择【中性色】选项，*2.* 在【青色】、【洋红】、【黄色】和【黑色】文本框中输入数值，*3.* 单击【确定】按钮，如图 6-60 所示。

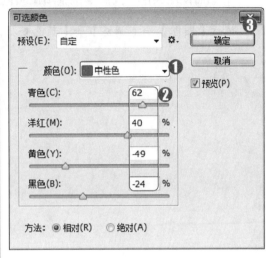

图 6-60

→ 一点即通

【可选颜色】命令可以在图像的每个主要原色成分中更改印刷色的数量，也可以在不影响其他主要颜色的情况下有选择地修改任何主要颜色中的印刷色数量。

Section
6.6 有问必答

1. 如何使用通道混合器调整图像颜色？

执行【图像】→【调整】→【通道混合器】命令即可打开【通道混合器】对话框。

2. 如何区分去色与黑白命令？

去色命令只能简单地去掉所有颜色，只保留原图像中的黑白灰关系；黑白命令则可以通过参数设置调整各个颜色在黑白图像中的亮度，这是去色命令做不到的。

Photoshop CC 中文版图像处理

3. 如何使用 HDR 色调命令调整图像颜色?

执行【图像】→【调整】→【HDR 色调】命令即可打开【HDR 色调】对话框。

4. 如何使用色调均化命令调整图像颜色?

执行【图像】→【调整】→【色调均化】命令即可完成操作。

5. 如何使用颜色查找命令调整图像颜色?

执行【图像】→【调整】→【颜色查找】命令即可打开【颜色查找】对话框。

第**7**章

颜色与画笔

❖ 选取颜色
❖ 填充与描边
❖ 色彩模式
❖ 设置【画笔】面板
❖ 专题课堂——绘画工具

　　本章主要介绍选取颜色、填充与描边、色彩模式、设置【画笔】面板和绘画工具方面的知识与技巧，在本章的最后还针对实际工作需求，讲解 Lab 模式、追加画笔样式、混合器画笔工具等内容。通过本章的学习，读者可以掌握颜色与画笔方面的知识，为深入学习Photoshop CC 知识奠定基础。

在 Photoshop CC 中选取颜色后，用户可以对图像进行填充、描边、设置图层颜色等操作，本节将重点介绍选取与设置颜色方面的知识。

7.1.1 前景色与背景色

微课堂
00分21秒

在 Photoshop CC 中，用户使用前景色可以绘画、填充和描边选区；使用背景色可以生成渐变填充和在图像已抹除的区域中填充。前景色和背景色按钮位于工具箱的下方。下面介绍前景色和背景色方面的知识，如图 7-1 所示。

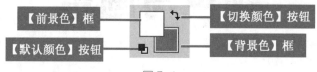

图 7-1

> 【前景色】框：如果准备更改前景色，可以单击工具箱中该颜色框，然后在弹出的拾色器中选取一种颜色。
> 【默认颜色】按钮：单击该按钮，可以切换回默认的前景色和背景色颜色。默认的前景色是黑色，默认的背景色是白色。
> 【切换颜色】按钮：如果准备反转前景色和背景色，可以单击该按钮。
> 【背景色】框：如果准备更改背景色，可以单击工具箱中该颜色框，然后在弹出的拾色器中选取一种颜色。

🔆 知识拓展

在 Photoshop CC 中，如果准备选取背景色，用户可以按住 Ctrl 键的同时单击【色板】面板中的颜色，这样即可在色板中选取背景色。

7.1.2 使用拾色器选取颜色

微课堂
00分23秒

在 Photoshop CC 中，用户使用拾色器可以设置前景色、背景色和文本颜色，使用拾色器选取颜色的方法非常简单，下面详细介绍使用拾色器选取颜色的方法。

操作步骤 >> Step by Step

第1步 启动 Photoshop CC 程序，在左侧的工具箱中单击【前景色】框，如图 7-2 所示。

图 7-2

第3步 通过以上方法即可完成使用拾色器设置前景色的操作，如图 7-4 所示。

图 7-4

第2步 弹出【拾色器(前景色)】对话框，*1.* 在色域中拾取颜色，*2.* 单击【确定】按钮，如图 7-3 所示。

图 7-3

7.1.3 使用吸管工具选取颜色

微课堂
00分21秒

在 Photoshop CC 中，用户使用吸管工具可以快速拾取当前图像中的任意颜色。下面介绍使用吸管工具的方法。

操作步骤 >> Step by Step

第1步 打开图像文件，*1.* 单击工具箱中的【吸管工具】按钮 ![icon]，*2.* 当鼠标指针变为 ![icon] 后，在准备选取颜色的位置单击，如图 7-5 所示。

图 7-5

第2步 通过以上方法即可完成使用吸管工具选取颜色的操作，用户可以在【前景色】框中查看选取的颜色，如图 7-6 所示。

图 7-6

Photoshop CC中文版图像处理

 知识拓展

　　如果在使用绘画工具时需要暂时使用吸管工具拾取前景色，可以按住 Alt 键将当前工具切换到吸管工具，释放 Alt 键后即可恢复到之前使用的工具。使用吸管工具采集颜色时，按住鼠标左键并将光标拖曳出画布之外，可以采集界面以外的颜色信息。

Section
7.2　填充与描边

导读　　在 Photoshop CC 中，填充颜色不仅可以达到美化图像的效果，同时还可以用于区分图像的不同区域，本节将重点介绍颜色填充方面的知识。

7.2.1　【填充】命令

微课堂 00分21秒

　　在 Photoshop CC 中，用户运用【填充】菜单项可以对图像进行前景色、背景色、颜色、颜色识别、图案、历史记录、黑色、50%灰色和白色等的填充操作，下面介绍运用【填充】命令的方法。

操作步骤 >> Step by Step

第1步　在 Photoshop CC 中新建图像文件后，1. 单击【编辑】主菜单，2. 在弹出的菜单中选择【填充】菜单项，如图7-7所示。

第2步　弹出【填充】对话框，1. 在【内容】选项组的【使用】下拉列表框中，选择【前景色】选项，2. 在【混合】选项组的【不透明度】文本框中输入颜色填充的不透明度数值，3. 单击【确定】按钮，如图7-8所示。

图 7-7

第3步　通过以上方法即可完成使用色板面板设置前景色的操作，如图7-9所示。

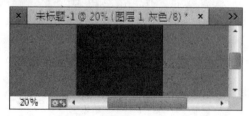

图 7-9

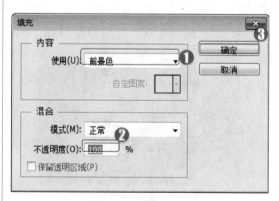

图 7-8

7.2.2　油漆桶工具

微课堂 00分20秒

用户运用油漆桶工具可以使用设置的前景色或自带的图案进行填充，下面介绍运用油漆桶工具填充图案的方法。

操作步骤　>>　Step by Step

第1步　打开图像文件，1. 在工具箱中设置前景色，2. 单击【油漆桶工具】按钮，3. 当鼠标指针变为时，在准备填充的图像区域处单击鼠标，如图7-10所示。

第2步　通过以上方法即可完成运用油漆桶工具填充图像的操作，如图7-11所示。

图7-10

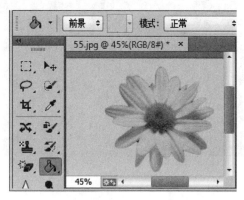

图7-11

油漆桶工具选项栏如图7-12所示，各选项的功能如下。

图7-12

> 【填充模式】按钮：单击该按钮的下拉按钮，在弹出的下拉菜单中可以选择填充的模式，包括【前景】和【图案】两种命令。
> 【模式】按钮：用来设置填充内容的混合模式。
> 【不透明度】下拉列表框：用来设置填充内容的不透明度。
> 【容差】文本框：用来定义必须填充的像素颜色的相似程度。
> 【消除锯齿】复选框：平滑填充选区的边缘。
> 【连续的】复选框：选中该复选框，只填充图像中处于连续范围内的区域；取消选中该复选框，可以填充图像中的所有相似像素。
> 【所有图层】复选框：选中该复选框，可对所有可见图层中的合并颜色进行填充。

7.2.3　渐变工具

微课堂 00分31秒

在 Photoshop CC 中，用户运用渐变工具可以对图像进行填充渐变色彩的操作，下面介绍运用渐变工具的方法。

Photoshop CC 中文版图像处理

操作步骤 >> Step by Step

第1步 打开图像文件，*1.* 在【前景色】框中选择颜色，*2.* 单击【渐变工具】按钮 ，*3.* 在【渐变样式管理器】列表框中选择画笔样式，*4.* 当鼠标指针变为 -¦- 时，在文档窗口中指定渐变的第一个点，拖动鼠标到目标位置处，然后释放鼠标，如图 7-13 所示。

图 7-13

第2步 图像已经被渐变颜色填充完毕，通过以上方法即可完成运用渐变工具的操作，如图 7-14 所示。

图 7-14

7.2.4 【描边】命令

微课堂 00 分 41 秒

在 Photoshop CC 中，用户运用【描边】菜单项可以对图像进行描边操作，下面介绍运用【描边】菜单项的方法。

操作步骤 >> Step by Step

第1步 选中准备进行描边的选区，*1.* 单击【编辑】主菜单，*2.* 在弹出的菜单中选择【描边】菜单项，如图 7-15 所示。

图 7-15

第3步 通过以上方法即可完成运用【描边】命令的操作，如图 7-17 所示。

图 7-17

第2步 弹出【描边】对话框，*1.* 在【宽度】文本框中输入数值，*2.* 在【颜色】区域选择颜色，*3.* 单击【确定】按钮，如图 7-16所示。

图 7-16

除了使用【编辑】菜单进行描边操作之外，按下 Alt+E+S 组合键或者在包含选区的状态下单击鼠标右键，在弹出的快捷菜单中选择【描边】命令，也可以实现描边操作。

Section 7.3　色彩模式

在 Photoshop CC 中，图像的常用色彩模式可分为 RGB 颜色模式、CMYK 颜色模式、位图模式、灰度模式、双色调模式、索引颜色模式等。下面介绍图像色彩模式方面的知识。

7.3.1　RGB 颜色模式

微课堂
00分20秒

RGB 颜色模式采用三基色模型，又称为加光模式，是目前图像软件最常用的基本颜色模式。RGB 分别代表 Red(红色)、Green(绿色)、Blue(蓝色)，三基色可复合生成 1670 多万种颜色。

RGB 颜色模式下的图像只有在发光体上才能显示出来，如显示器、电视等，该模式是一种真色彩颜色模式。进入 RGB 颜色模式的方法非常简单，下面详细介绍进入 RGB 颜色模式的操作方法。

操作步骤　>>　Step by Step

第1步　打开图像文件，**1.** 单击【图像】主菜单，**2.** 在弹出的菜单中选择【模式】菜单项，**3.** 在弹出的子菜单中选择【RGB 颜色】菜单项，如图 7-18 所示。

第2步　通过以上方法即可完成进入 RGB 颜色模式的操作，如图 7-19 所示。

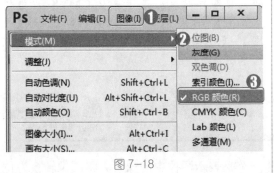

图 7-18

图 7-19

7.3.2　CMYK 颜色模式

　　CMYK 颜色模式是一种印刷模式，C、M、Y 是 3 种印刷油墨名称的首字母，C 代表 Cyan(青色)、M 代表 Magenta(洋红)、Y 代表 Yellow(黄色)，而 K 代表 Black(黑色)。CMYK 颜色模式也叫减光模式，该模式下的图像只有在印刷体上才可以观察到，如纸张。CMYK 颜色模式包含的颜色总数比 RGB 模式少很多，所以显示器上观察到的图像要比印刷出来的图像亮丽一些。

　　进入 CMYK 颜色模式的方法非常简单，下面介绍进入 CMYK 颜色模式的方法。

操作步骤 >> Step by Step

第1步　　打开图像文件，**1.** 单击【图像】主菜单，**2.** 在弹出的菜单中选择【模式】菜单项，**3.** 在弹出的子菜单中选择【CMYK 颜色】菜单项，如图 7-20 所示。

图 7-20

第3步　　通过以上方法即可完成进入 CMYK 颜色模式的操作，如图 7-22 所示。

第2步　　弹出 Adobe Photoshop CC 对话框，单击【确定】按钮，如图 7-21 所示。

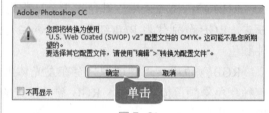

图 7-21

■ **指点迷津**

　　在制作需要印刷的图像时，需要使用到 CMYK 颜色模式。将 RGB 图像转换为 CMYK 图像会产生分色。如果原始图像是 RGB 图像，那么最好先在 RGB 颜色模式下进行编辑，在编辑结束后再转换为 CMYK 颜色模式。在 RGB 颜色模式下，可以通过执行【视图】→【校样设置】命令来模拟转换为 CMYK 后的效果。

7.3.3　位图模式

　　位图模式使用黑色、白色两种颜色值中的一个来表示图像中的像素。将图像转换为位图模式会使图像减少到两种颜色，从而大大简化了图像中的颜色信息，同时也减小了文件的大小。由于位图模式只能包含黑、白两种颜色，所以将一幅彩色图像转换为位图模式时，需要先将其转换为灰度模式，这样就可以先删除像素中的色相和饱和度信息，从而只保留亮度值。由于位图模式下图像只有很少的编辑命令可用，因此需要在灰度模式下编辑图像，然后再将其转换为位图模式。

进入位图模式的方法非常简单，下面详细介绍进入位图模式的方法。

操作步骤 >> Step by Step

第 1 步 打开图像文件，**1.** 单击【图像】主菜单，**2.** 在弹出的菜单中选择【模式】菜单项，**3.** 在弹出的子菜单中选择【位图】菜单项，如图 7-23 所示。

图 7-23

第 3 步 弹出【位图】对话框，**1.** 在【使用】下拉列表框中选择【50%阈值】选项，**2.** 单击【确定】按钮，如图 7-25 所示。

图 7-25

第 2 步 弹出 Adobe Photoshop CC 对话框，出现 "要拼合图层吗？" 提示信息，单击【确定】按钮，如图 7-24 所示。

图 7-24

第 4 步 通过以上方法即可完成进入位图模式的操作，如图 7-26 所示。

图 7-26

🔆 知识拓展

在【位图】对话框的【使用】下拉列表框中包含 5 种位图模式，分别是【50%阈值】、【图案仿色】、【扩散仿色】、【半调网屏】和【自定图案】。【50%阈值】选项可将灰色值高于中间灰阶 128 的像素转换为白色，将灰色值低于该灰阶的像素转换为黑色；【图案仿色】选项通过将灰阶组织成白色和黑色网点的几何配置来转换图像；【扩散仿色】选项从位于图像左上角的像素开始通过使用误差扩散来转换图像；【半调网屏】选项用来模拟转换后的图像中半调网点的外观；【自定图案】选项模拟转换后的图像中自定半调网屏的外观，所选图案通常是一个包含各种灰度级的图案。

Photoshop CC 中文版图像处理

7.3.4 灰度模式

00 分 21 秒

进入灰度模式的方法非常简单,下面详细介绍进入灰度模式的方法。

操作步骤 >> **Step by Step**

第 1 步 打开图像文件,**1.** 单击【图像】主菜单,**2.** 在弹出的菜单中选择【模式】菜单项,**3.** 在弹出的子菜单中选择【灰度】菜单项,如图 7-27 所示。

图 7-27

第 3 步 通过以上方法即可完成进入灰度模式的操作,如图 7-29 所示。

图 7-29

第 2 步 弹出【信息】对话框,程序提示"是否要扔掉颜色信息?",单击【扔掉】按钮,如图 7-28 所示。

图 7-28

■ **指点迷津**

灰度模式使用一种单一色调来表现图像,在图像中可以使用不同的灰度级。在 8 位图像中,最多有 256 级灰度,灰度图像中的每个像素都有一个 0(黑色)~255(白色)之间的亮度值;在 16 位和 32 位图像中,图像的级数比 8 位图像要大得多。

7.3.5 双色调模式

00 分 51 秒

进入双色调模式的方法非常简单,下面详细介绍进入双色调模式的方法。

操作步骤 >> **Step by Step**

第 1 步 将图像文件转换成灰度模式后,**1.** 单击【图像】主菜单,**2.** 在弹出的菜单中选择【模式】菜单项,**3.** 在弹出的子菜单中选择【双色调】菜单项,如图 7-30 所示。

图 7-30

第 2 步 弹出【双色调选项】对话框,**1.** 在【类型】下拉列表框中框选择【单色调】选项,**2.** 在【油墨 1】颜色选取框中选取颜色,**3.** 单击【确定】按钮,如图 7-31 所示。

图 7-31

第3步　通过以上方法即可完成进入双色调模式的操作，如图7-32所示。

图7-32

　　在Photoshop中，双色调模式并不是指有两种颜色构成图像的颜色模式，而是通过1~4种自定油墨创建的单色调、双色调、三色调和四色调的灰度图像。单色调是用非油墨色的单一油墨打印的灰度图像，双色调、三色调和四色调分别是用2种、3种和4种油墨打印的灰度图像。

7.3.6　索引颜色模式

微课堂
00分24秒

　　进入索引颜色模式的方法非常简单，下面介绍进入索引颜色模式的操作方法。

操作步骤　>>　**Step by Step**

第1步　打开图像文件，**1.** 单击【图像】主菜单，**2.** 在弹出的菜单中选择【模式】菜单项，**3.** 在弹出的子菜单中选择【索引颜色】菜单项，如图7-33所示。

图7-33

第3步　通过以上方法即可完成进入索引颜色模式的操作，如图7-35所示。

图7-35

第2步　弹出【索引颜色】对话框，**1.** 在【调板】下拉列表框中选择【局部(可感知)】选项，**2.** 在【颜色】文本框中输入12，**3.** 在【强制】下拉列表框中选择【黑白】选项，**4.** 在【仿色】下拉列表框中选择【扩散】选项，**5.** 单击【确定】按钮，如图7-34所示。

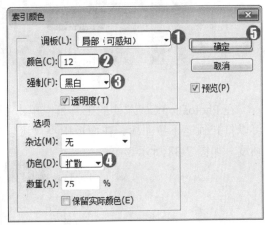

图7-34

　　索引颜色模式是位图图像的一种编码方法，需要基于RGB、CMYK等更基本的颜色编码方法，可以通过限制图像中的颜色总数来实现有损压缩。

Photoshop CC 中文版图像处理

 　　在 Photoshop CC 中，用户可以使用【画笔】面板来设置画笔的大小、设置绘图模式、设置画笔不透明度、形状动态和散布选项等内容，下面介绍使用画笔面板方面的知识。

7.4.1 　　**【画笔预设】面板**
微课堂
00 分 30 秒

　　【画笔预设】面板中提供了各种预设的画笔，预设画笔带有诸如大小、形状和硬度等定义的特性。使用绘画或修饰工具时，如果要选择一个预设的笔尖，且只需要调整画笔大小，可以单击【窗口】主菜单，在弹出的菜单中选择【画笔预设】菜单项，打开【画笔预设】面板进行设置，如图 7-36 和图 7-37 所示。

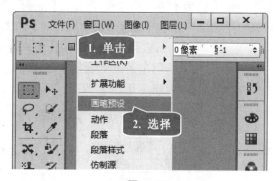
图 7-36

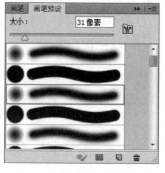
图 7-37

　　在 Photoshop CC 左侧的工具箱中单击【画笔工具】按钮，然后单击工具栏中的 按钮，可以打开画笔下拉面板。在面板中不仅可以选择笔尖、调整画笔大小，还可以调整笔尖的硬度，如图 7-38 所示。

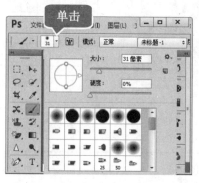
图 7-38

- ➤ 【大小】文本框：拖曳滑块或在文本框中输入数值可调整画笔的大小。
- ➤ 【硬度】文本框：用来设置画笔笔尖的硬度。
- ➤ 【从此画笔创建新的预设】按钮 ⬜：单击该按钮，可以打开【画笔名称】对话框，输入画笔的名称后单击【确定】按钮，可以将当前画笔保存为一个预设的画笔。

7.4.2　认识【画笔】面板

微课堂
00 分 12 秒

单击【窗口】主菜单，在弹出的菜单中选择【画笔】菜单项即可打开【画笔】面板，如图 7-39 所示。

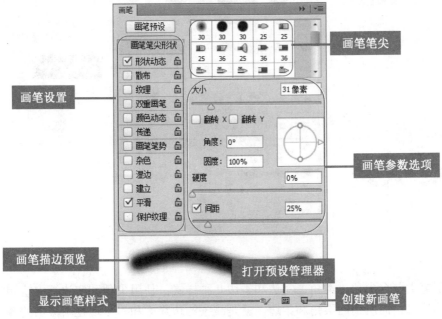

图 7-39

- ➤ 【画笔预设】按钮：单击该按钮，可以打开【画笔预设】面板。
- ➤ 【画笔设置】区域：选择【画笔设置】区域中的选项，面板中会显示该选项的详细设置内容，它们用来改变画笔的角度、圆度，以及为其添加纹理、颜色动态等变量。
- ➤ 【锁定/未锁定】按钮：显示锁定图标 🔒 时，表示当前画笔的笔尖形状属性(形状动态、散布、纹理等)为锁定状态。单击该按钮即可取消锁定(图标会变为 🔓 状)。
- ➤ 【画笔描边预览/画笔笔尖】：显示了 Photoshop 提供的预设画笔笔尖。选择一个笔尖后，可在【画笔描边预览】框中预览该笔尖的形状。
- ➤ 【画笔参数选项】区域：用来调整画笔的参数。
- ➤ 【显示画笔样式】按钮 ✐：使用毛刷笔尖时，在窗口中显示笔尖样式。
- ➤ 【打开预设管理器】按钮 ▦：单击该按钮，可以打开【预设管理器】对话框。
- ➤ 【创建新画笔】按钮 ⬜：如果对一个预设的画笔进行了调整，可单击该按钮，将其保存为一个新的预设画笔。

Photoshop CC 中文版图像处理

7.4.3　笔尖的种类

Photoshop 提供了 3 种类型的笔尖：圆形笔尖、非圆形的图像样本笔尖以及毛刷笔尖，如图 7-40 所示。

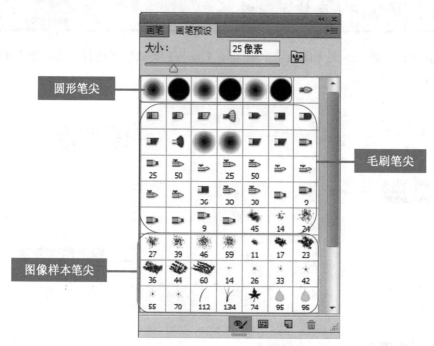

图 7-40

圆形笔尖包含尖角、柔角、实边和柔边几种样式。使用尖角和实边笔尖绘制的线条具有清晰的边缘；而所谓的柔角和柔边，就是线条的边缘柔和，呈现逐渐淡出的效果。

通常情况下，尖角和柔角笔尖比较常用。将笔尖硬度设置为 100% 可以得到尖角笔尖，它具有清晰的边缘；笔尖硬度低于 100% 时可以得到柔角笔尖，它的边缘是模糊的。

7.4.4　画笔笔尖形状

如果要对预设的画笔进行一些修改，如调整画笔的大小、角度、圆度、硬度和间距等笔尖形状特性，可以在【画笔参数选项】区域中进行设置，如图 7-41 所示。

➤ 【大小】文本框：用来设置画笔的大小，范围为 1～5000 像素。

➤ 【翻转 X】、【翻转 Y】复选框：用来改变画笔笔尖在其 X 轴或 Y 轴上的方向。

➤ 【角度】文本框：用来设置椭圆笔尖和图像样本笔尖的旋转角度。可以在文本框中输入角度值，也可以拖曳箭头进行调整。

➤ 【圆度】文本框：用来设置画笔长轴和短轴之间的比率。可以在文本框中输入数值，或拖曳控制点来调整。当该值为 100% 时，笔尖为圆形，设置为其他值时可将画笔压扁。

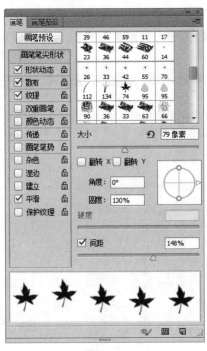

图 7-41

➢ 【硬度】文本框：用来设置画笔硬度中心的大小。该值越小，画笔的边缘越柔和。
➢ 【间距】文本框：用来控制描边中两个画笔笔迹之间的距离。该值越高，笔迹之间的距离越大。如果取消选择，Photoshop 会根据光标的移动速度调整笔迹间距。

7.4.5　形状动态

00 分 18 秒

　　形状动态决定了描边中画笔的笔迹如何变化，可以使画笔的大小、圆度等产生随机变化效果。双击【画笔】面板中的【形状动态】选项，即可进入【形状动态】选项的设置，如图 7-42 所示。

➢ 【大小抖动】文本框：该文本框用来设置画笔笔迹大小的改变方式。该值越高，轮廓越不规则。在【控制】微调框中可以设置抖动的改变方式。选择【关】选项，表示无抖动；选择【渐隐】选项，可按照指定数量的步长在初始直径和最小直径之间渐隐画笔轨迹，使其产生逐渐淡出的效果；如果计算机配置有数位板，则可以选择【钢笔压力】、【钢笔斜度】、【光笔轮】和【旋转】选项，用户可根据钢笔的压力、斜度、钢笔的旋转来改变初始直径和最小直径之间的画笔笔迹大小。
➢ 【最小直径】文本框：启用了【大小抖动】后，即可通过该选项设置画笔笔迹可以缩放的百分比。该值越高，笔尖直径的变化越小。
➢ 【角度抖动】文本框：用来改变画笔笔迹的角度。如果要指定画笔角度的改变方式，可在【控制】微调框中选择一个选项。
➢ 【圆度抖动】、【最小圆度】文本框：用来设置画笔笔迹的圆度在描边中的变化方

Photoshop CC 中文版图像处理

式。可以在【控制】微调框中选择一个控制方法，当启用了一种控制方法后，可在【最小圆度】文本框中设置画笔笔迹的最小圆度。

➢ 【翻转 X 抖动】、【翻转 Y 抖动】复选框：用来设置笔尖在其 X 轴或 Y 轴上的方向。

图 7-42

7.4.6　散布

散布决定了描边中笔迹的数目和位置，使笔迹沿绘制的线条扩散。双击【画笔】面板中的【散布】选项，即可进入【散布】选项的设置，如图 7-43 所示。

图 7-43

➢ 【散布】文本框：用来设置画笔笔迹的分散程度。该值越高，分散的范围越广。如果选中【两轴】复选框，画笔笔迹将以中间为基准，向两侧分散。如果要指定画笔笔迹如何散布变化，可以在【控制】微调框中选择需要的选项。

➢ 【数量】文本框：用来指定在每个间距间隔应用的画笔笔迹数量。增加该值可以重复笔迹。

➢ 【数量抖动】、【控制】文本框：用来指定画笔笔迹的数量如何针对各种间距间隔而变化。【控制】文本框用来设置画笔笔迹的数量如何变化。

7.4.7　纹理

如果要使用画笔绘制出的线条如同在带纹理的画布上的一样，可以双击【画笔】面板中的【纹理】选项，进入到【纹理】选项的设置，选择一种图案，将其添加到描边中，以模拟画布效果，如图 7-44 所示。

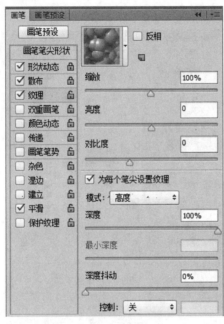

图 7-44

➢ 【设置纹理】缩览图和【反相】复选框：单击图案缩览图右侧的按钮，可以在打开的下拉面板中选择一个图，将其设置为纹理。选中【反相】复选框，可基于图中的色调反转纹理中的亮点和暗点。

➢ 【缩放】文本框：用来缩放图案。

➢ 【为每个笔尖设置纹理】复选框：用来决定绘画时是否单独渲染每个笔尖。如果取消选中该复选框，将无法使用【深度】文本框。

➢ 【模式】微调框：在该微调框中可以选择图案与前景色之间的混合模式。

➢ 【深度】文本框：用来指定油彩渗入纹理中的深度。当该值为 0% 时，纹理中的所有点都接受相同量的油彩，进而隐藏图案；当该值为 100% 时，纹理中的暗点不接受任何油彩。

➢ 【最小深度】文本框：用来指定当【控制】微调框设置为【渐隐】、【钢笔压力】、【钢笔斜度】或【光笔轮】选项，并选中【为每个笔尖设置纹理】复选框时油彩可渗入的最小深度。只有选中【为每个笔尖设置纹理】复选框后，打开控制选项，

Photoshop CC中文版图像处理

该选项才可用。

> 【深度抖动】文本框：用来设置纹理抖动的最大百分比。只有选中【为每个笔尖设置纹理】复选框后，该选项才可用。如果要指定如何控制画笔笔迹的深度变化，可在【控制】微调框中选择需要的选项。

微课堂
00分12秒

7.4.8 双重画笔

双重画笔是指让描绘的线条中呈现出两种画笔效果。要使用双重画笔，首先要在【画笔笔尖形状】选项中设置主笔尖，然后双击【双重画笔】选项，进入【双重画笔】选项设置中，再设置另一个笔尖，如图7-45所示。

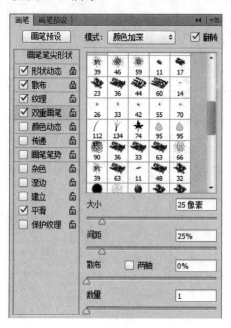

图7-45

> 【模式】微调框：在该微调框中可以选择两种笔尖在组合时所使用的混合模式。
> 【大小】文本框：用来设置笔尖的大小。
> 【间距】文本框：用来控制描边中双笔尖画笔笔迹之间的距离。
> 【散布】文本框：用来指定描边中双笔尖画笔笔迹的分布方式。如果选中【两轴】复选框，双笔尖画笔笔迹将按径向分布；取消选中该复选框，则双笔尖画笔笔迹垂直于描边路径分布。
> 【数量】文本框：用来指定在每个间距间隔应用的双笔尖笔迹数量。

7.4.9 颜色动态

微课堂
00分14秒

如果要让绘制出的线条的颜色、饱和度和明度等产生变化，可以双击【颜色动态】选项，进入到【颜色动态】选项的设置中，如图7-46所示。

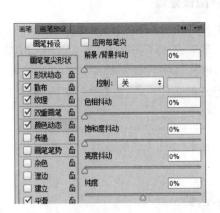

图 7—46

- 【前景/背景抖动】文本框：用来指定前景色和背景色之间的油彩变化方式。该值越小，变化后的颜色越接近前景色；该值越大，变化后的颜色越接近背景色。如果要指定如何控制画笔笔迹的颜色变化，可在【控制】微调框中选择一个选项。
- 【色相抖动】文本框：用来设置颜色变化的范围。该值越小，颜色越接近前景色；该值越大，色相变化越丰富。
- 【饱和度抖动】文本框：用来设置颜色的饱和度变化范围。该值越小，饱和度越接近前景色；该值越大，色相的饱和度越高。
- 【亮度抖动】文本框：用来设置颜色的亮度变化范围。该值越小，亮度越接近前景色；该值越大，颜色的亮度越大。
- 【纯度】文本框：用来设置颜色的纯度。该值在 1%～100%时，笔迹的颜色为黑白色；该值越高，颜色的纯度越高。

7.4.10　传递

微课堂
00 分 12 秒

传递选项用来确定油彩在描边路线中的改变方式，如果要设置传递的效果，可以双击【画笔】面板中的【传递】选项，进入到【传递】选项的设置中，如图 7-47 所示。

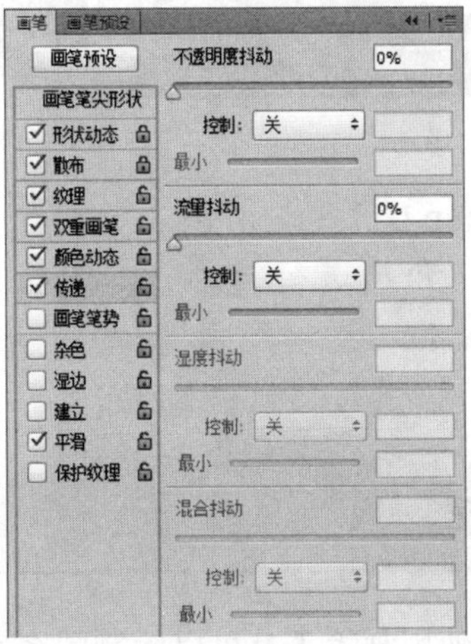

图 7—47

Photoshop CC 中文版图像处理

➢ 【不透明度抖动】文本框：用来设置画笔笔迹中油彩不透明度的变化效果。如果要指定如何控制画笔笔迹的不透明度变化，可在【控制】微调框中选择一个选项。

➢ 【流量抖动】文本框：用来设置画笔笔迹中油彩流量的变化程度。如果要指定如何控制画笔笔迹的流量变化，可在【控制】微调框中选择一个选项。

 知识拓展

如果配置了数位板和压感笔，则【湿度抖动】和【混合抖动】文本框可以使用。

7.4.11　画笔笔势

画笔笔势用来调整毛刷画笔笔尖、倾斜画笔笔尖的角度，如图 7-48 所示。

图 7-48

➢ 【倾斜 X】、【倾斜 Y】文本框：可以让笔尖沿 X 轴或 Y 轴倾斜。

➢ 【旋转】文本框：用来旋转笔尖。

➢ 【压力】文本框：用来调整画笔的压力，该值越高，绘制速度越快，线条越粗犷。

Section 7.5　专题课堂——绘画工具

 在 Photoshop CC 中，使用工具箱中的画笔工具和铅笔工具，用户可以模拟传统介质进行绘画，本节将重点介绍画笔工具与铅笔工具运用方面的知识。

7.5.1　画笔工具

在 Photoshop CC 中，用户使用画笔工具可以绘制图案到图像文件中，下面介绍使用画笔工具的方法。

操作步骤 >> Step by Step

第1步 在 Photoshop CC 中打开图像文件，1. 在工具箱中单击【画笔工具】按钮，2. 在【前景色】框中选择颜色，如图 7-49 所示。

图 7-49

第3步 返回到文档窗口中，在准备应用画笔图形的位置处单击，通过以上方法即可完成使用画笔工具的操作，如图 7-51 所示。

图 7-51

第2步 在画笔工具选项栏中单击【画笔工具预设管理器】下拉按钮，在弹出的下拉面板中选择应用的画笔样式，如图 7-50 所示。

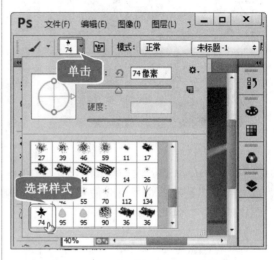

图 7-50

■ 指点迷津

在英文输入法状态下，可以按键盘上的左中括号键和右中括号键来减小或增大画笔笔尖的大小。

专家解读

在使用画笔工具绘画时，可以按 0～9 数字键来快速调整画笔的不透明度，数字 1 代表 10%，数字 9 代表 90%，0 代表 100%。

7.5.2 铅笔工具

00分41秒

在 Photoshop CC 中，用户使用铅笔工具可以创建硬边直线，铅笔工具与画笔工具一样可以在当前图像上绘制前景色，下面介绍使用铅笔工具绘制图形的方法。

Photoshop CC 中文版图像处理

操作步骤 >> **Step by Step**

第1步　打开图像文件，**1.** 在工具箱中单击【铅笔工具】按钮 ✏️，**2.** 在【前景色】框中选择准备应用的颜色，如图 7-52 所示。

图 7-52

第3步　在准备应用铅笔图形的位置处单击，通过以上方法即可完成使用铅笔工具的操作，如图 7-54 所示。

图 7-54

第2步　在铅笔工具选项栏中单击【铅笔工具预设管理器】下拉按钮 ，在弹出的下拉面板中，选择应用的铅笔样式，如图 7-53 所示。

图 7-53

■ 指点迷津

　　在铅笔工具选项栏中，除了【自动抹除】复选框外，其他选项均与画笔工具相同。【自动抹除】复选框只适用于原始图像。

Section 7.6　实践经验与技巧

　　在本节的学习过程中，将侧重介绍和本章知识点有关的实践经验与技巧，主要内容包括 Lab 模式、追加画笔样式和混合器画笔工具等方面的知识与操作技巧。

7.6.1　Lab 颜色模式

微课堂
00 分 19 秒

　　Lab 颜色模式是由明度(Luminosity)和有关色彩的 a 分量、b 分量这 3 个要素组成的。L 表示明度，相当于亮度；a 表示从红色到绿色的范围；b 表示从黄色到蓝色的范围。Lab 颜色模式的亮度分量范围是 0～100，在 Adobe 拾色器和【颜色】调板中，a 分量和 b 分量的范围是+127～−128。

进入 Lab 颜色模式的方法非常简单，下面详细介绍进入 Lab 颜色模式的方法。

操作步骤　>>　Step by Step

第 1 步　打开图像文件，*1.* 单击【图像】主菜单，*2.* 在弹出的菜单中选择【模式】菜单项，*3.* 在弹出的子菜单中选择【Lab 颜色】菜单项，如图 7-55 所示。

第 2 步　通过以上方法即可完成进入 Lab 颜色模式的操作，如图 7-56 所示。

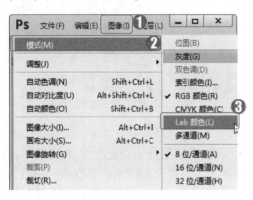

图 7-55

图 7-56

7.6.2　追加画笔样式

微课堂
00 分 29 秒

在 Photoshop CC 中，如果默认的画笔样式不能满足用户编辑图像的需要，用户可以追加程序自带的其他画笔样式，下面介绍追加画笔样式的方法。

操作步骤　>>　Step by Step

第 1 步　打开图像文件，*1.* 在工具箱中单击画笔工具，*2.* 在画笔工具选项栏中单击【画笔工具预设管理器】下拉按钮 ，*3.* 在弹出的下拉面板中单击【工具】按钮 ，*4.* 在弹出的下拉菜单中选择【书法画笔】菜单项，如图 7-57 所示。

第 2 步　可以看到在【画笔工具预设】面板中，书法画笔已经添加到画笔样式列表中，通过以上方法即可完成追加画笔样式的操作，如图 7-58 所示。

图 7-57

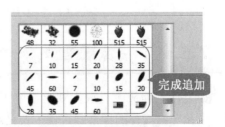

图 7-58

7.6.3 混合器画笔工具

混合器画笔工具  可以混合像素，它能模拟真实的绘画技术，如混合画布上的颜色、组合画布上的颜色以及在描边过程中使用不同的绘画湿度。混合器画笔有两个绘画色管，一个是储槽，另一个是拾取器。储槽存储最终应用于画布的颜色，并且具有较多的油彩容量。拾取器接收来自画布的油彩，其内容与画布颜色是连续混合的。混合器画笔工具的选项栏如图 7-59 和图 7-60 所示。

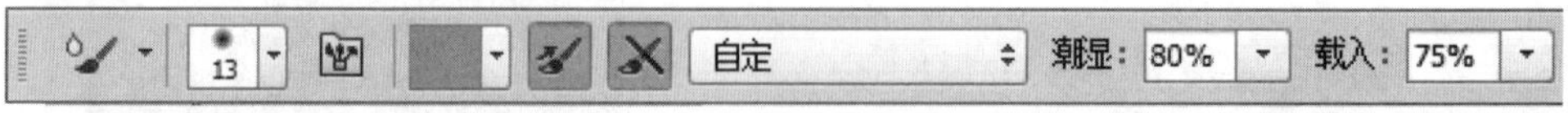

图 7-59

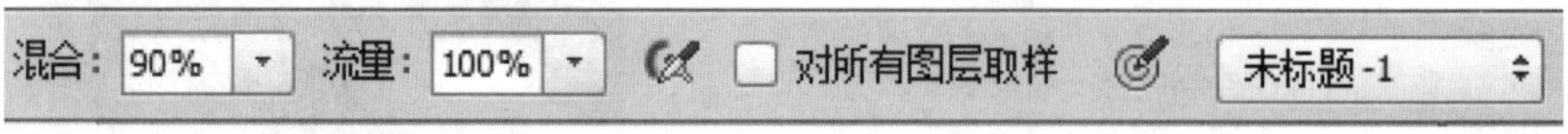

图 7-60

> ➢ 【当前画笔载入弹出式菜单】按钮 ：单击该按钮可以弹出一个下拉菜单。使用混合器画笔工具时，按住 Alt 键单击图像，可以将光标下方的颜色(油彩)载入储槽。若选择【载入画笔】选项，会拾取光标下方的图像，此时画笔笔尖可以反映出取样区域中的任何颜色变化；若选择【只载入纯色】选项，则可拾取单色，此时画笔笔尖的颜色比较均匀；若要清除画笔中的油彩，可以选择【清理画笔】选项。
> ➢ 【预设】：提供了【干燥】、【潮湿】等预设的画笔组合。
> ➢ 【自动载入 /清理 】：单击该按钮，可以使光标下的颜色与前景色混合；再次单击该按钮，可以清理油彩。若要在每次描边后执行这些任务，可以单击这两个按钮。
> ➢ 【潮湿】：可以控制画笔从画布拾取的油彩量，较高的设置会产生较长的绘画条痕。
> ➢ 【载入】：用来指定储槽中载入的油彩量，载入速率较低时，绘画描边干燥的速度会更快。
> ➢ 【混合】：用来控制画布油彩量同储槽油彩量的比例，当比例为 100%时，所有油彩将从画布中拾取；当比例为 0%时，所有油彩都来自储槽。
> ➢ 【流量】：用来设置将光标移动到某个区域上方时应用颜色的速率。
> ➢ 【对所有图层取样】：拾取所有可见图层的画布颜色。

7.6.4 像素画

如果使用缩放工具放大观察铅笔工具绘制的线条就会发现，线条边缘呈现清晰的锯齿。现在非常流行的像素画，便主要是通过铅笔工具绘制的，并且需要出现这种锯齿，如图 7-61 所示。

图 7-61

像素画也属于点阵式图像，但它是一种图标风格的图像，更强调清晰的轮廓、明快的色彩，几乎不用混叠方法来绘制光滑的线条，所以常常采用.gif 格式，同时它的造型比较卡通。而当今像素画更是成为一门艺术，得到很多朋友的喜爱。

像素画的应用范围相当广泛，从多年前家用红白机的画面直到今天的 GBA 手掌机；从黑白的手机图片到今天全彩的掌上电脑；当前电脑中也无处不充斥着各类软件的像素图标。

7.6.5　杂色

微课堂
00 分 28 秒

在【画笔】面板下的【画笔笔尖形状】区域中，最下方的几个选项是【杂色】、【湿边】、【建立】、【平滑】和【保护纹理】选项。它们没有提供可调整的数值，如果要启用一个选项，将其勾选即可，如图 7-62 所示。

图 7-62

> 【杂色】选项：可以为个别画笔笔尖增加额外的随机性。当应用于柔画笔笔尖(包含灰度值的画笔笔尖)时，该选项最有效。

> 【湿边】选项：可以沿画笔描边的边缘增大油彩量，创建水彩效果。

> 【建立】选项：将渐变色调应用于图像，同时模拟传统的喷枪技术。该选项与工具选项栏中的喷枪选项相对应，勾选该选项，或者单击工具选项栏中的喷枪按钮，

Photoshop CC 中文版图像处理

都能启用喷枪功能。

➢ 【平滑】选项：在画笔描边中生成更平滑的曲线。当使用压感笔进行快速绘画时，该选项最有效；但是它在描边渲染中可能会导致轻微的滞后。

➢ 【保护纹理】选项：将相同图案和缩放比例应用于具有纹理的所有画笔预设。选择该选项后，使用多个纹理画笔笔尖绘画时，可以模拟出一致的画布纹理。

Section 7.7 有问必答

1. 如何用铅笔工具绘制直线？

使用画笔工具、铅笔工具、钢笔工具等绘制直线时，按住 Shift 键可以绘制出水平、垂直或者 45° 的直线。

2. 如何使用不同的方法打开【画笔】面板？

除了本章中讲解的使用【窗口】主菜单打开【画笔】面板之外，按下 F5 键或者在【画笔预设】面板中单击【切换画笔面板】按钮或者在工具箱中单击【画笔工具】按钮，然后在其选项栏中单击【切换画笔面板】按钮也可以打开【画笔】面板。

3. 如何使用快捷键增大或减小画笔的硬度？

按下 Shift+左中括号键/右中括号键可以减小或增大画笔的硬度。

4. 如何理解数位板？

使用计算机绘画有一个很大的问题，就是鼠标不能像画笔一样听话。对于专业绘画者和数码艺术创作者来说，最好是配备一个数位板，在数位板上作画。数位板由一块画板和一支无线的压感笔组成，就像画家的画板和画笔。

5. 如何载入外部画笔？

在【画笔预设】面板中，单击右上角的下拉按钮，在弹出的菜单中选择【载入画笔】菜单项即可进行载入外部画笔的操作。

第 **8** 章

图层及图层样式

本章
要点

❖ 图层的基本原理
❖ 新建图层和图层组
❖ 编辑图层
❖ 排列与分布图层
❖ 合并与盖印图层
❖ 专题课堂——图层样式

本章主
要内容

　　本章主要介绍了图层的基本原理、新建图层和图层组、编辑图层、排列与分布图层、合并与盖印图层和图层样式方面的知识与技巧，在本章的最后还针对实际工作需求，讲解了清除图层样式、将图层样式转换为普通图层的方法。通过本章的学习，读者可以掌握图层及图层样式方面的知识，为深入学习 Photoshop CC 知识奠定基础。

导读　　在 Photoshop CC 中，用户使用图层可以将不同图像放置在不同的图层中，在编辑图像时，起到区分图像位置的作用。本节将重点介绍图层基本原理方面的知识。

8.1.1 什么是图层

微课堂
00 分 21 秒

从管理图像的角度来看，图层就像是保管图像的文件夹；从图像合成的角度来看，图层就如同堆叠在一起的透明纸。每一个图层上都保存着不同的图像，用户可以透过上面图层的透明区看到下面图层中的图像。各个图层中的对象都可以单独处理，而不会影响到其他图层中的内容，图层可以移动，也可以调整堆叠顺序。除背景图层外，其他图层都可以通过调整不透明度，让图像内容变得透明；还可以修改混合模式，让上下层图像产生特殊的混合效果。不透明度和混合模式可以反复调节，而不会损伤图像。

图层的主要功能是将当前图像组成关系清晰地显示出来，用户可以方便快捷地对各图层进行编辑。

知识拓展

在编辑图层之前，首先需要在【图层】面板中单击该图层，将其选中，所选图层将成为当前图层。绘画以及色调调整只能在一个图层中进行，而移动、对齐、变换或应用【样式】面板中的样式等可以一次性处理所选的多个图层。

8.1.2 【图层】面板

微课堂
00 分 19 秒

在 Photoshop CC 的【图层】面板中，用户可以单独对某个图层中的内容进行编辑，而不影响其他图层中的内容，不同的图层种类具有不同的功能。单击【窗口】主菜单，在弹出的菜单中选择【图层】菜单项即可打开【图层】面板。下面介绍【图层】面板方面的知识，如图 8-1 所示。

➤ 设置图层混合模式 `正常 ▼`：在该下拉列表框中可以设置图层的混合模式，如溶解、叠加、色相、差值等。

➤ 【锁定透明像素】按钮：将编辑范围限制为只针对图层的不透明部分。

➤ 【锁定图像像素】按钮：防止使用绘画工具修改图层的像素。

➤ 【锁定位置】按钮：防止图层的像素被移动。

➤ 【锁定全部】按钮：锁定透明像素、图像像素和位置，处于这种状态下的图层将不能进行任何操作。

➢ 不透明度：可以设置当前图层的不透明度，数值从 0～100。

➢ 填充：可以设置当前图层填充的不透明度，数值从 0～100。

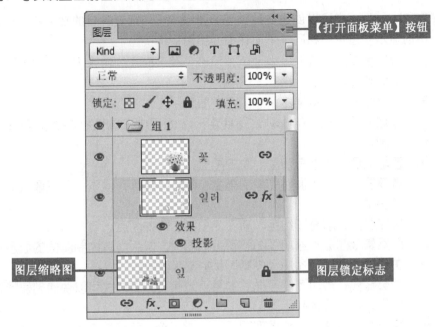

图 8-1

➢ 展开/折叠图层组▼：可以将图层编组，在该图标中可以将图层组展开或折叠。

➢ 展开/折叠图层效果▲：单击该图标可以将当前图层的效果在图层下方显示，再次单击可以隐藏该图层的效果。

➢ 处于显示/隐藏状态的图层👁/□：当该图标显示为眼睛形状时，表示当前图层处于可见状态；而显示空白图标时，则处于不可见状态。单击该图标可以在显示与隐藏之间进行切换。

➢ 图层锁定标志：表明当前图层为锁定状态。

➢ 【链接图层】按钮🔗：在【图层】面板中选中准备链接的图层，单击该按钮可以将其链接起来。

➢ 【添加图层样式】按钮 fx.：选中准备设置的图层，单击该按钮，在弹出的下拉菜单中选择准备设置的图层样式，在弹出的【图层样式】对话框中可以设置图层的样式，如投影、内阴影、外发光等。

➢ 【添加图层蒙版】按钮◻：选中图层，单击该按钮可为其添加蒙版。

➢ 【创建新的填充或调整图层】按钮◑.：选中图层，单击该按钮，在弹出的下拉菜单中选择准备调整的菜单项，如纯色、渐变、色阶等。

➢ 【创建新组】按钮◻：单击该按钮，可以在【图层】面板中创建新组。

➢ 【创建新图层】按钮◻：单击该按钮可以创建一个透明图层。

➢ 【删除图层】按钮🗑：选中准备删除的图层，单击该按钮即可将当前选中的图层删除。

8.1.3 图层的类型

微课堂 00分35秒

在 Photoshop 中可以创建多种类型的图层，它们都有各自的功能和用途，在【图层】面板中的显示状态也不相同。下面详细介绍图层的类型。

- ➤ 中性色图层：填充了中性色并预设了混合模式的特殊图层，可用于承载滤镜或在上面绘画。
- ➤ 链接图层：保持链接状态的多个图层。
- ➤ 剪贴蒙版：蒙版的一种，可使用一个图层中的图像控制其上面多个图层的显示范围。
- ➤ 智能对象：包含有智能对象的图层。
- ➤ 调整图层：可以调整图像的亮度、色彩平衡等，但不会改变像素值，而且可以重复编辑。
- ➤ 填充图层：填充了纯色、渐变或图案的特殊图层。
- ➤ 图层蒙版图层：添加了图层蒙版的图层，蒙版可以控制图像的显示范围。
- ➤ 矢量蒙版图层：添加了矢量形状的蒙版图层。
- ➤ 图层样式：添加了图层样式的图层，通过图层样式可以快速创建特效，如投影、发光和浮雕效果等。
- ➤ 图层组：用来组织和管理图层，以便于查找和编辑图层，类似于 Windows 的文件夹。
- ➤ 变形文字图层：进行了变形处理后的文字图层。
- ➤ 文字图层：使用文字工具输入文字时创建的图层。
- ➤ 视频图层：包含视频文件帧的图层。
- ➤ 3D 图层：包含 3D 文件或置入 3D 文件的图层。
- ➤ 背景图层：新建文档时创建的图层，它始终位于面板的最下层，名称为"背景"二字，且为斜体。

Section 8.2 新建图层和图层组

导读

在 Photoshop CC 中，掌握图层基本原理方面的知识后，用户便可以根据需要，创建不同类型的图层和图层组，本节将重点介绍创建图层和图层组方面的知识。

8.2.1 创建图层

微课堂 00分17秒

用户可以在【图层】面板中创建一个普通透明图层，下面详细介绍创建普通透明图层的方法。

操作步骤　>>　Step by Step

第1步　在【图层】面板中，单击【创建新图层】按钮 ，如图 8-2 所示。

第2步　通过以上方法即可完成创建普通透明图层的操作，如图 8-3 所示。

图 8-2

图 8-3

知识拓展

　　如果要在当前图层的下一层新建一个图层，可以按住 Ctrl 键单击【创建新图层】按钮，但是背景图层永远处于【图层】面板的最下方，即使按住 Ctrl 键也不能在其下方新建图层。除了使用【图层】面板创建新图层之外，还可以单击【图层】主菜单，在弹出的菜单中选择【新建】菜单项，再在弹出的子菜单中选择【图层】菜单项来创建新图层。

8.2.2　创建图层组

微课堂
00分14秒

　　在 Photoshop CC 中，用户可以将图层按照不同的类型存放在不同的图层组内，创建图层组的方法非常简单，下面介绍创建图层组的方法。

操作步骤　>>　Step by Step

第1步　在【图层】面板中，单击面板底部的【创建新组】按钮 ，如图 8-4 所示。

第2步　通过以上方法即可完成创建图层组的操作，如图 8-5 所示。

图 8-4

图 8-5

Photoshop CC 中文版图像处理

8.2.3 将图层移入或移出图层组

将图层移入或移出图层组的操作非常简单，在 Photoshop CC 的【图层】面板中，选中并拖动准备添加到图层组的图层至图层组上，即可添加图层到图层组，如图 8-6 所示；选中并向下拖动准备移出图层组的图层，即可将图层移出图层组，如图 8-7 所示。

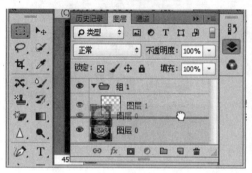

图 8-6

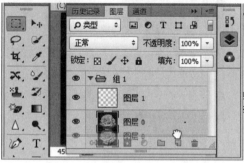

图 8-7

8.2.4 背景图层与普通图层的转换

00 分 42 秒

在 Photoshop 中打开一张图片时，【图层】面板中通常只有背景图层，并且背景图层处于锁定、无法移动的状态。因此，如果要对背景图层进行操作，就需要将其转换为普通图层，同时也可以将普通图层转换成背景图层。下面详细介绍背景图层与普通图层相互转换的方法。

操作步骤 >> Step by Step

第1步 在【图层】面板中，双击背景图层的缩略图，如图 8-8 所示。

第2步 打开【新建图层】对话框，单击【确定】按钮，如图 8-9 所示。

图 8-8

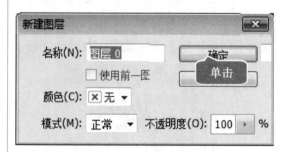

图 8-9

第3步 通过以上步骤即可完成将背景图层转换为普通图层的操作，如图 8-10 所示。

图 8-10

第5步 通过以上步骤即可完成将普通图层转换为背景图层的操作，如图 8-12 所示。

图 8-12

第4步 选中普通图层，**1.** 单击【图层】主菜单，**2.** 在弹出的菜单中选择【新建】菜单项，**3.** 在弹出的子菜单中选择【图层背景】菜单项，如图 8-11 所示。

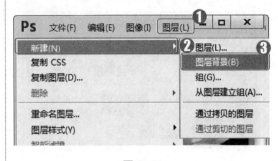

图 8-11

■ **指点迷津**

在将普通图层转换为背景图层时，图层中的任何透明像素都会被转换为背景色，并且该图层将放置到图层堆栈的最底部。

按住 Alt 键的同时双击背景图层的缩略图，背景图层将直接转换为普通图层。

Section 8.3 编辑图层

图层的编辑方法包括选择和取消选择图层、复制图层、删除图层、显示与隐藏图层、链接图层与取消链接、栅格化图层几种，本节将详细介绍编辑图层的方法。

8.3.1 选择和取消选择图层

00 分 15 秒

在 Photoshop CC 中，选择准备应用的图层，这样用户就可以在选择的图层中进行图像编辑的操作，完成操作后可以取消选择图层，下面介绍选择和取消图层的方法。

微 课 堂 学 电 脑

Photoshop CC 中文版图像处理

第1步 在【图层】面板中，单击准备选择的图层，如图 8-13 所示。

图 8-13

第2步 通过以上方法即可完成选择图层的操作，如图 8-14 所示。

图 8-14

第3步 在【图层】面板空白处单击，如图 8-15 所示。

图 8-15

第4步 通过以上步骤即可取消选择，如图 8-16 所示。

图 8-16

知识拓展

在同时选中多个图层时，可以对多个图层进行删除、复制、移动、变换等操作，但是很多类似绘画以及调色等操作是不能够同时对多个图层起作用的。

8.3.2 复制图层

微课堂
00 分 18 秒

在 Photoshop CC 中，用户可以将选择的图层复制，这样可对一个图层上的同一图像设置出不同的效果，下面介绍复制图层的方法。

第1步 在【图层】面板中，右击准备复制的图层，在弹出的快捷菜单中选择【复制图层】菜单项，如图 8-17 所示。

图 8-17

第2步 弹出【复制图层】对话框，单击【确定】按钮，如图 8-18 所示。

图 8-18

第3步 通过上述操作即可完成复制图层的操作，如图 8-19 所示。

图 8-19

■ 指点迷津

除了右击图层复制之外，选中图层，按下 Ctrl+C 快捷键复制图层，再按下 Ctrl+V 快捷键粘贴图层也可以复制图层；或者用鼠标拖动准备复制的图层到【创建新图层】按钮上，也可以完成复制图层的操作。

8.3.3 删除图层

微课堂
00 分 15 秒

在 Photoshop CC 中，用户可以在【图层】面板中删除不再准备应用的图层，下面介绍删除图层的方法。

第1步 在【图层】面板中，*1.* 选中准备删除的图层，*2.* 单击面板底部的【删除图层】按钮，如图 8-20 所示。

图 8-20

第2步 通过以上方法即可完成删除图层的操作，如图 8-21 所示。

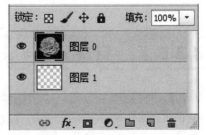

图 8-21

Photoshop CC 中文版图像处理

8.3.4　显示与隐藏图层

在 Photoshop CC 中，用户可以将设置的图层样式暂时隐藏，这样可以方便用户对其他图层进行编辑，下面介绍隐藏图层样式的方法。

操作步骤　>>　Step by Step

第1步　在【图层】面板中，单击准备隐藏的图层前的【切换所有图层效果可见性】图标 👁，如图 8-22 所示。

图 8-22

第2步　通过以上方法即可完成隐藏图层的操作，如图 8-23 所示。

图 8-23

第3步　再次单击准备显示的图层前的【切换所有图层效果可见性】图标 ☐，如图 8-24 所示。

图 8-24

第4步　通过以上方法即可完成显示图层的操作，如图 8-25 所示。

图 8-25

8.3.5　链接图层与取消链接

如果要同时处理多个图层中的图像，为了方便操作，则可以将这些图层链接在一起再进行操作，下面详细介绍链接图层与取消链接的操作。

操作步骤 >> Step by Step

第 1 步 在【图层】面板中，*1.* 将准备链接的图层选中，*2.* 单击面板底部的【链接图层】按钮 ，如图 8-26 所示。

图 8-26

第 2 步 通过以上方法即可完成链接图层的操作，如图 8-27 所示。

图 8-27

第 3 步 选中准备取消链接的图层，单击面板底部的【链接图层】按钮 ，如图 8-28 所示。

图 8-28

第 4 步 通过以上步骤即可完成取消链接图层的操作，如图 8-29 所示。

图 8-29

8.3.6 栅格化图层

微课堂
00 分 33 秒

如果要使用绘画工具和滤镜编辑文字图层、形状图层、矢量蒙版或智能对象等包含矢量数据的图层，需要先将其栅格化，让图层中的内容转化为光栅图像，然后才能进行相应的编辑。

选中准备栅格化的图层，在菜单栏中单击【图层】主菜单，在弹出的菜单中选择【栅格化】菜单项，在弹出的子菜单中选择准备栅格化的内容即可，如图 8-30 所示。

在【栅格化】子菜单中各菜单项的功能如下。

Photoshop CC 中文版图像处理

➤ 【文字】菜单项：栅格化文字图层，使文字变为光栅图像。文字图层栅格化以后，文字内容不能修改。

➤ 【智能对象】菜单项：栅格化智能对象，使其转换为像素。

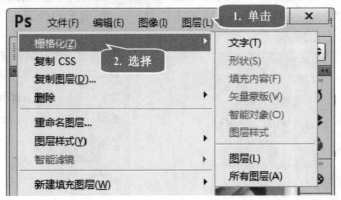

图 8-30

➤ 【形状】、【填充内容】、【矢量蒙版】菜单项：选择【形状】菜单项，可以栅格化形状图层；选择【填充内容】菜单项，可以栅格化形状图层的填充内容，并基于形状创建矢量蒙版；选择【矢量蒙版】菜单项，可以栅格化矢量蒙版，将其转换为图层蒙版。

➤ 【图层样式】菜单项：栅格化图层样式，将其应用到图层内容中。

➤ 【图层】、【所有图层】菜单项：选择【图层】菜单项，可以栅格化当前选择的所有图层；选择【所有图层】菜单项，可以栅格化包含矢量数据、智能对象和生成的数据的所有图层。

Section 8.4 排列与分布图层

在【图层】面板中，图层是按照创建的先后顺序堆叠排列的，我们可以重新调整图层的堆叠顺序，也可以选择多个图层将其对齐，或者按照相同的间距分布，本节将详细介绍排列与分布图层的操作方法。

8.4.1 调整图层的排列顺序

微课堂 00分14秒

将一个图层拖曳到另一个图层的上面或下面即可调整图层的堆叠顺序。改变图层顺序会影响图层的显示效果。

用户还可以单击菜单栏中的【图层】主菜单，在弹出的菜单中选择【排列】菜单项，再在弹出的子菜单中选择需要的菜单项即可，如图 8-31 所示。

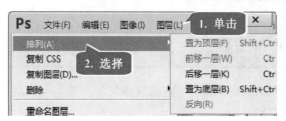

图 8-31

➤ 【置为顶层】菜单项：将所选图层调整到最顶层。

➤ 【前移一层】、【后移一层】菜单项：可以将所选图层向上或向下移动一个堆叠顺序。

➤ 【置为底层】菜单项：将所选图层调整到最底层。

➤ 【反向】菜单项：在【图层】面板中选择多个图层以后，选择该项，可以翻转它们的堆叠顺序。

8.4.2 对齐图层

微课堂 00分21秒

用户可以将多个图层对齐，对齐图层的方法非常简单，下面详细介绍对齐图层的操作方法。

操作步骤 >> Step by Step

第1步 在【图层】面板中，选中"图层1""图层2"和"图层3"，如图 8-32 所示。

图 8-32

第3步 通过上述操作即可将选定图层上的顶端像素与所有选定图层上最顶端的像素对齐，如图 8-34 所示。

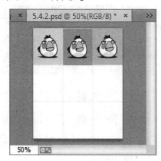

图 8-34

第2步 在菜单栏中，1. 单击【图层】主菜单，2. 在弹出的菜单中选择【对齐】菜单项，3. 在弹出的子菜单中选择【顶边】菜单项，如图 8-33 所示。

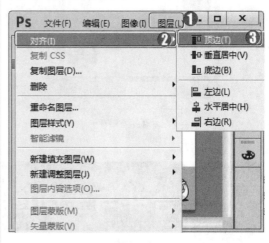

图 8-33

■ 指点迷津

若要将多张图像进行拼合对齐，可在移动工具选项栏中单击【自动对齐图层】按钮。

8.4.3   分布图层

如果要让 3 个或更多的图层采用一定的规律均匀分布，可以运用分布命令，下面详细介绍分布图层的操作方法。

操作步骤 >> Step by Step

第 1 步 在【图层】面板中，选中"图层 1" "图层 2" "图层 3" 和"图层 4"，如图 8-35 所示。

选中

图 8-35

第 2 步 在菜单栏中，**1.** 单击【图层】主菜单，**2.** 在弹出的菜单中选择【分布】菜单项，**3.** 在弹出的子菜单中选择【顶边】菜单项，如图 8-36 所示。

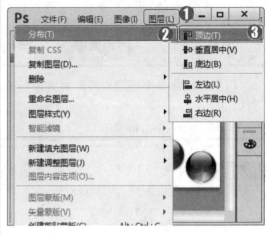

图 8-36

第 3 步 可以看到从每个图层的顶端像素开始，间隔均匀地分布图层，如图 8-37 所示。

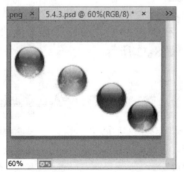

图 8-37

■ 指点迷津

执行【视图】→【对齐】命令后移动复制能够更容易地将复制出的图层对齐到同一水平线上。

Section
8.5   合并与盖印图层

导读

图层、图层组合和图层样式会占用计算机的内存，导致计算机的处理速度变慢。如果将相同属性的图层合并则可以减小文件的大小，释放内存空间。此外，对于复杂的图像文件，图层数量变少以后，既便于管理，也可以快速找到需要的图层。

第8章 图层及图层样式

8.5.1　合并图层

用户可以将多个图层合并为一个图层，以便于操作，合并图层的方法非常简单，下面详细介绍合并图层的方法。

操作步骤 >> Step by Step

第1步　在【图层】面板中，选中"图层1""图层2"和"图层3"，如图8-38所示。

图 8-38

第3步　通过以上步骤即可完成合并图层的操作，如图8-40所示。

图 8-40

第2步　在菜单栏中，**1.** 单击【图层】主菜单，**2.** 在弹出的菜单中选择【合并图层】菜单项，如图8-39所示。

图 8-39

知识拓展

除了通过【图层】主菜单来合并图层之外，按下Ctrl+E组合键也可以实现合并图层的操作。

8.5.2　向下合并图层

向下合并图层是指两个相邻的图层，上面的图层向下与下面的图层合并为一个图层的过程，下面介绍向下合并图层的方法。

Photoshop CC 中文版图像处理

操作步骤 >> Step by Step

第1步 鼠标右键单击准备向下合并的图层，在弹出的快捷菜单中选择【向下合并】菜单项，如图 8-41 所示。

第2步 选中的图层已经向下合并，合并后的图层显示合并前下一图层的名称，通过以上方法即可完成向下合并图层的操作，如图 8-42 所示。

图 8-41

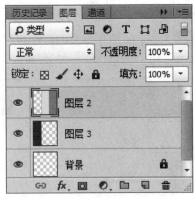

图 8-42

8.5.3　合并可见图层

00 分 14 秒

在 Photoshop CC 中，合并可见图层是指用户可以将所有可显示的图层合并成一个图层，隐藏的图层则无法合并到此图层中，下面介绍合并可见图层的方法。

操作步骤 >> Step by Step

第1步 鼠标右键单击任意一个可见图层，在弹出的快捷菜单中选择【合并可见图层】菜单项，如图 8-43 所示。

第2步 通过以上方法即可完成合并可见图层的操作，如图 8-44 所示。

图 8-43

图 8-44

8.5.4 盖印图层

00 分 24 秒

在 Photoshop CC 中，用户使用盖印图层功能可将多个图层中的内容合并到一个图层中，同时可以保留原图层，下面介绍盖印图层的方法。

操作步骤 >> Step by Step

第 1 步 打开图像文件，在【图层】面板中单击任意一个图层，按下盖印图层的 Ctrl+Shift+Alt+E 组合键，如图 8-45 所示。

第 2 步 在【图层】面板中，可见的图层已经全部盖印到新图层中，通过以上操作方法即可完成盖印图层的操作，如图 8-46 所示。

图 8-45

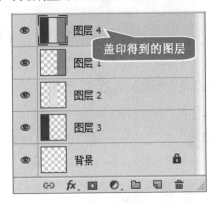

图 8-46

知识拓展

如果想要盖印图层组，首先选中图层组，然后按下 Ctrl+Alt+E 组合键，可以将组中所有图层内容盖印到一个新的图层中，原始图层组中的内容保持不变。

Section 8.6 专题课堂——图层样式

导读

在 Photoshop CC 中，用户可以对图像进行添加各种图层样式的操作，方便用户编辑各种特殊效果，本节将重点介绍图层样式应用方面的知识。

8.6.1 添加图层样式

00 分 27 秒

添加图层样式的方法非常简单，下面详细介绍添加图层样式的操作方法。

Photoshop CC 中文版图像处理

操作步骤 >> **Step by Step**

第1步 在【图层】面板中，*1.* 选中准备应用图层样式的图层，*2.* 单击【添加图层样式】按钮 **fx.**，*3.* 在弹出的快捷菜单中选择【混合选项】菜单项，如图 8-47 所示。

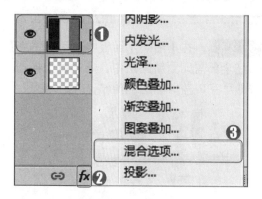

图 8-47

第3步 通过以上步骤即可完成给图层添加图层样式的操作，如图 8-49 所示。

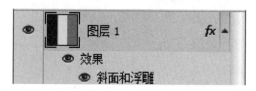

图 8-49

第2步 弹出【图层样式】对话框，*1.* 在左侧的【样式】列表框中选中准备应用的样式，可以在右侧的【预览】区域查看效果，*2.* 单击【确定】按钮，如图 8-48 所示。

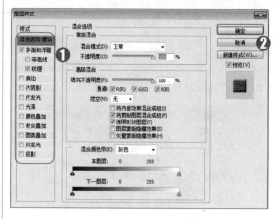

图 8-48

■ 指点迷津

背景图层和图层组不能应用图层样式。如果要为背景图层应用图层样式，可以按住 Alt 键双击图层缩略图，将其转换为普通图层以后再进行添加；如果要为图层组添加图层样式，需要先将图层组合并为一个图层后才可以。

8.6.2 显示与隐藏图层样式效果

在【图层】面板中，效果前的眼睛图标 ◉ 用来控制效果的可见性，如果要隐藏一个效果，可单击该效果名称前的眼睛图标 ◉，再次单击眼睛图标 ◉ 即可显示样式效果，如图 8-50 所示。

图 8-50

8.6.3 投影和内阴影

投影是指在图层内容的后面添加阴影，内阴影是指紧靠在图层内容的边缘内添加阴影，使图层具有凹陷外观。下面介绍设置图层投影和内阴影的方法。

操作步骤 >> Step by Step

第1步 在【图层】面板中，右击准备设置常规混合选项的图层，在弹出的快捷菜单中选择【混合选项】菜单项，如图8-51所示。

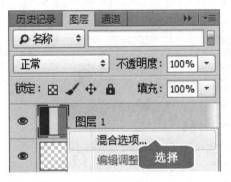

图8-51

第2步 弹出【图层样式】对话框，*1.* 双击【投影】选项，进入【投影】设置界面，*2.* 在【角度】文本框中输入120，*3.* 在【距离】、【大小】文本框中输入数值，*4.* 单击【确定】按钮，如图8-52所示。

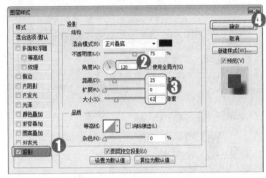

图8-52

第3步 双击【内阴影】选项，*1.* 在【角度】文本框中输入-139，*2.* 在【距离】、【阻塞】和【大小】文本框中输入数值，*3.* 单击【确定】按钮，如图8-53所示。

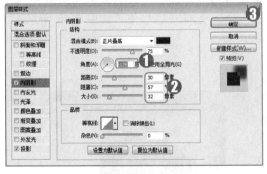

图8-53

第4步 通过以上方法即可完成运用投影与内阴影样式的操作，如图8-54所示。

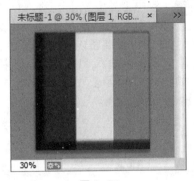

图8-54

 专家解读

这里的投影与现实中的投影有些差异。现实中的投影通常产生在物体的后方或者下方，并且随着光照方向的不同会产生透视的不同，而这里的投影只在后方产生，并且不具备真实的透视感。

Photoshop CC 中文版图像处理

8.6.4 内发光和外发光

内发光图层样式是指给图层添加从图层内容的内边缘发光的效果，外发光则是给图层添加从图层内容的外边缘发光的效果。下面介绍内发光和外发光应用方面的知识。

操作步骤 >> Step by Step

第1步 在【图层】面板中，右击准备设置常规混合选项的图层，在弹出的快捷菜单中选择【混合选项】菜单项，如图8-55所示。

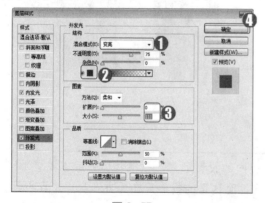

图8-55

第2步 打开【图层样式】对话框，1.双击【内发光】选项，2.在【混合模式】下拉列表框中选择【变暗】选项，3.在颜色框中设置准备内发光的颜色，4.在【阻塞】和【大小】文本框中输入数值，5.单击【确定】按钮，如图8-56所示。

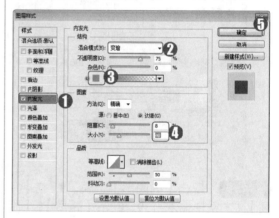

图8-56

第3步 双击【外发光】选项，1.在【混合模式】下拉列表框中选择【变亮】选项，2.在颜色框中设置准备内发光的颜色，3.在【大小】文本框中输入111，4.单击【确定】按钮，如图8-57所示。

图8-57

第4步 通过以上方法即可完成运用内发光与外发光样式的操作，如图8-58所示。

图8-58

8.6.5 斜面和浮雕

微课堂
00分49秒

在 Photoshop CC 中，斜面与浮雕样式是可以对图层添加高光与阴影的组合，这样可以使其呈现立体浮雕感，下面介绍添加斜面与浮雕样式的方法。

操作步骤 >> Step by Step

第1步 在【图层】面板中，右击准备设置常规混合选项的图层，在弹出的快捷菜单中选择【混合选项】菜单项，如图 8-59 所示。

图 8-59

第3步 通过以上方法即可完成运用斜面和浮雕样式的操作，如图 8-61 所示。

图 8-61

第2步 打开【图层样式】对话框，*1.* 双击【斜面和浮雕】选项，*2.* 在【样式】下拉列表框中选择【浮雕效果】选项，*3.* 在【大小】、【角度】和【高度】文本框中输入数值，*4.* 单击【确定】按钮，如图 8-60 所示。

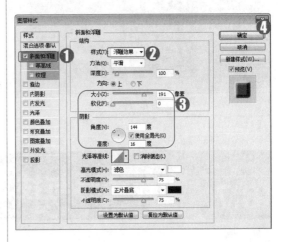

图 8-60

8.6.6 渐变叠加

微课堂
00分51秒

在 Photoshop CC 中，渐变叠加效果可以在图层上叠加指定的渐变颜色，下面详细介绍为图层添加颜色叠加的方法。

操作步骤 >> Step by Step

第1步 在【图层】面板中，右击准备设置常规混合选项的图层，在弹出的快捷菜单中选择【混合选项】菜单项，如图 8-62 所示。

第2步 打开【图层样式】对话框，*1.* 双击【渐变叠加】选项，*2.* 在【渐变】下拉列表框中设置准备使用的渐变颜色，*3.* 单击【确定】按钮，如图 8-63 所示。

Photoshop CC 中文版图像处理

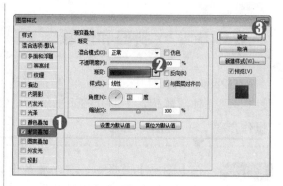

图 8-62

图 8-63

第3步 通过以上方法即可完成运用渐变叠加样式的操作，如图 8-64 所示。

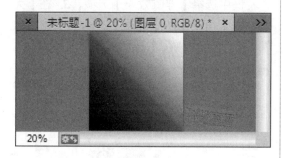

图 8-64

■ **指点迷津**

　　渐变叠加不仅能够制作出带有多种颜色的对象，更能够通过巧妙的渐变颜色设置制作出突起、凹陷等三维效果以及带有反光的质感效果。

Section
8.7 实践经验与技巧

导读　　在本节的学习过程中，将重点讲解与本章知识点有关的实践经验与技巧，主要内容包括清除图层样式、图层样式转换为普通图层和合并图层编组等方面的知识与操作技巧。

8.7.1 清除图层样式

微课堂
00分14秒

　　在 Photoshop CC 中，用户可以清除不再准备使用的图层样式，以便对图层进行管理，下面介绍清除图层样式的方法。

➡ **一点即通**

　　将某一图层样式拖曳到【删除图层】按钮上，也可以清除某个图层的样式；或者选中准备清除的图层样式，按下 Delete 键也可以清除样式。

操作步骤 >> Step by Step

第1步　在【图层】面板中，右击准备删除的图层样式，在弹出的快捷菜单中选择【清除图层样式】菜单项，如图 8-65 所示。

第2步　通过以上方法即可完成清除图层样式的操作，如图 8-66 所示。

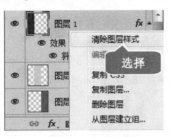

图 8-65

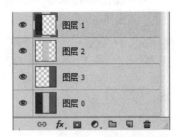

图 8-66

8.7.2　图层样式转换为普通图层

微课堂
00 分 13 秒

在 Photoshop CC 中，用户可以将已经创建的图层样式转换为普通的图层，下面介绍将图层样式转换为图层的方法。

操作步骤 >> Step by Step

第1步　在【图层】面板中，右击图层样式，在弹出的快捷菜单中选择【创建图层】菜单项，如图 8-67 所示。

第2步　通过以上方法即可完成将图层样式转换为普通图层的操作，如图 8-68 所示。

图 8-67

图 8-68

8.7.3　合并图层编组

微课堂
00 分 13 秒

在 Photoshop CC 中，用户可以将某一图层组中的所有图层合并成一个图层，下面介绍

Photoshop CC中文版图像处理

合并图层编组的方法。

操作步骤 >> Step by Step

第1步 在【图层】面板中，右击已创建的图层组，在弹出的快捷菜单中选择【合并组】菜单项，如图 8-69 所示。

第2步 通过以上方法即可完成合并图层编组的操作，如图 8-70 所示。

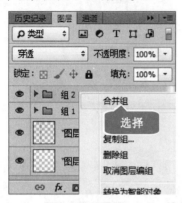

图 8-69

图 8-70

Section 8.8 有问必答

1. 如何更改图层缩略图的显示方式？

在图层缩略图上单击鼠标右键，在弹出的快捷菜单中选择相应的显示方式即可。

2. 如何以某个图层为基准来对齐图层？

先链接好需要对齐的图层，然后选择需要作为基准的图层，执行【图层】→【对齐】菜单下的任意子命令即可完成操作。

3. 如何标记图层颜色？

打开【新建图层】对话框，在【颜色】下拉列表中选择颜色即可标记图层颜色。

4. 如何快速隐藏多个图层？

将光标放在第一个图层的眼睛图标上，然后按住鼠标左键垂直向上或向下拖曳鼠标即可快速隐藏多个图层。

5. 如何锁定图层组内的图层？

选中图层组，执行【图层】→【锁定组内的所有图层】命令，在打开的对话框中选择需要锁定的属性即可完成操作。

第9章

文字工具

- ❖ 认识文字工具组
- ❖ 创建文字
- ❖ 【字符】和【段落】面板
- ❖ 编辑文字
- ❖ 专题课堂——转换文字图层

本章要点

本章主要内容

　　本章主要介绍了文字工具组、创建文字、【字符】和【段落】面板、编辑文字以及转换文字图层方面的知识与技巧,在本章的最后还针对实际工作需求,讲解了语言选项、存储和载入文字样式以及OpenType字体等内容。通过本章的学习,读者可以掌握文字工具知识,为深入学习Photoshop CC知识奠定基础。

认识文字工具组

 　　Photoshop 中的文字工具组由基于矢量的文字轮廓组成，文字工具组不只应用于排版方面，在平面设计与图像编辑中也占有非常重要的地位。本节将详细介绍文字工具组方面的知识。

9.1.1 　　**文字工具组**
微课堂
00分17秒

　　Photoshop 中包括两种文字工具，分别是横排文字工具组和直排文字工具组。横排文字工具组可以用来输入横向排列的文字，直排文字工具组可以用来输入竖向排列的文字，如图 9-1 和图 9-2 所示。

图 9-1

图 9-2

　　横排文字工具组和直排文字工具组的选项栏参数相同，在文字工具组选项栏中可以设置字体的系列、样式、大小、颜色和对齐方式等，如图 9-3 和图 9-4 所示。

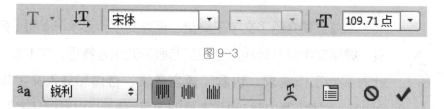

图 9-3

图 9-4

9.1.2 　　**文字蒙版工具**
微课堂
00分34秒

　　使用文字蒙版工具可以创建文字选区，其中包含横排文字蒙版工具和直排文字蒙版工具两种。使用文字蒙版工具输入文字以后，文字将以选区的形式出现。在文字选区中，可以填充前景色、背景色以及渐变颜色等，下面详细介绍文字蒙版工具的使用方法。

操作步骤 >> Step by Step

第1步 在 Photoshop CC 中打开图像文件，*1.* 单击工具箱中的【横排文字蒙版工具】按钮 T，*2.* 在图像中的合适位置单击鼠标放置光标，输入内容，如图 9-5 所示。

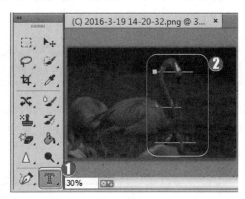

图 9-5

第2步 单击【移动工具】按钮，使文字变为可以动的图层，如图 9-6 所示。

图 9-6

第3步 在【图层】面板中单击【添加图层蒙版】按钮，如图 9-7 所示。

图 9-7

第4步 此时可以看到文字选区内部的图像部分被保留下来，如图 9-8 所示。

图 9-8

⊕ **知识拓展**

　　按住 Ctrl 键，文字蒙版四周会出现类似自由变换的定界框，可以对该文字蒙版进行移动、旋转、缩放、斜切等操作。

　　在使用文字蒙版工具输入文字时，光标移动到文字以外的区域时，光标会变为移动状态，这时单击并拖曳可以移动文字蒙版的位置。

Photoshop CC 中文版图像处理

创建文字

在平面设计中经常需要使用到各种版式类型的文字，在 Photoshop 中将文字分为点文字、段落文字、路径文字和变形文字等类型。本节将详细介绍创建文字方面的知识。

9.2.1　点文字

微课堂
00 分 23 秒

点文字是一个水平或垂直的文本行，每行文字都是独立的。行的长度随着文字的输入而不断增加，不会进行自动换行，需要手动按 Enter 键进行行换行，下面详细介绍创建点文字的方法。

操作步骤　>>　**Step by Step**

第 1 步　在 Photoshop CC 中打开图像文件，**1.** 单击工具箱中的【横排文字工具】按钮 **T.**，**2.** 在工具选项栏中设置字体和字号，**3.** 输入文字，如图 9-9 所示。

第 2 步　单击【移动工具】按钮，退出文字编辑，通过以上步骤即可完成创建点文字的操作，如图 9-10 所示。

图 9-9

图 9-10

9.2.2　段落文字

微课堂
00 分 22 秒

在 Photoshop CC 的定界框中输入段落文字时，系统提供自动换行和可调文字区域大小等功能。在 Photoshop 中输入段落文字的方法非常简单，下面详细介绍在 Photoshop 中输入段落文字的方法。

操作步骤 >> **Step by Step**

第1步　在 Photoshop CC 中打开图像文件，**1.** 单击工具箱中的【横排文字】按钮 ⊤，**2.** 在文档窗口中的指定位置处拖动鼠标创建一个段落文字定界文本框，如图 9-11 所示。

第2步　在直排文字工具选项栏中，**1.** 在【字体】下拉列表框中选择准备应用的字体，**2.** 在【字体大小】下拉列表框中设置字体大小，**3.** 在段落文字定界框中输入文字即可完成操作，如图 9-12 所示。

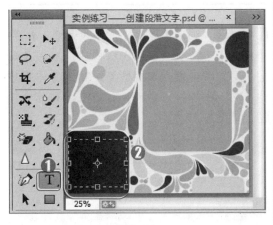

图 9-11

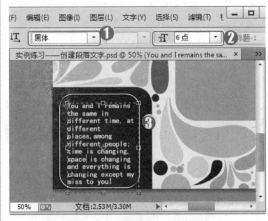

图 9-12

9.2.3　路径文字

微课堂
00 分 29 秒

　　在 Photoshop CC 中，创建完路径后用户可以沿路径输入排列文字，下面介绍输入沿路径排列文字的方法。

操作步骤 >> **Step by Step**

第1步　在 Photoshop CC 中打开图像文件，**1.** 在工具箱中单击【钢笔工具】按钮，**2.** 在文档窗口中绘制一条路径，如图 9-13 所示。

第2步　路径绘制完成后，**1.** 在工具箱中单击【横排文字工具】按钮 ⊤，**2.** 将鼠标指针移动至路径处，当鼠标指针变为 时，单击鼠标并输入文字，如图 9-14 所示。

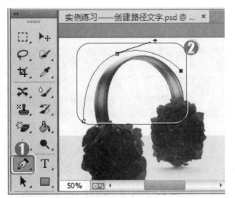

图 9-13

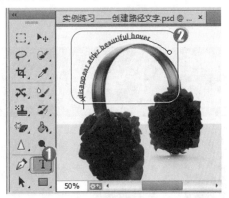

图 9-14

Photoshop CC 中文版图像处理

9.2.4　变形文字

在 Photoshop CC 中，用户可以对创建的文字进行处理，从而得到变形文字，如拱形、波浪和鱼形等，下面将重点介绍创建变形文字的方法。

操作步骤 >> Step by Step

第1步　在 Photoshop CC 中创建文字后，在【文字工具】选项栏中单击【创建变形文字】按钮，如图 9-15 所示。

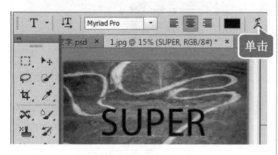

图 9-15

第3步　通过以上方法即可完成创建变形文字的操作，如图 9-17 所示。

图 9-17

第2步　弹出【变形文字】对话框，**1.** 在【样式】下拉列表框中选择样式，**2.** 在【弯曲】文本框中输入弯曲数值，**3.** 在【垂直扭曲】文本框内输入数值，**4.** 单击【确定】按钮，如图 9-16 所示。

图 9-16

■ **指点迷津**

如果想取消文字变形，在【变形文字】对话框的【样式】下拉列表框中选择【无】选项，单击【确定】按钮关闭对话框，即可将文字变为变形前的状态。

Section
9.3　【字符】和【段落】面板

导读

在文字工具组的选项栏中，可以快捷地对文本的部分属性进行修改。如果要对文本进行更多的设置，就需要使用【字符】和【段落】面板。本节将详细讲解关于【字符】和【段落】面板的知识。

9.3.1　使用【字符】面板

00 分 21 秒

在【字符】面板中，除了包括常见的字体系列、字体样式、文字大小、文字颜色和消除锯齿等设置，还包括行距、字距等常见设置，在【窗口】下拉菜单中选择【字符】菜单项即可打开【字符】面板，如图 9-18 和图 9-19 所示。

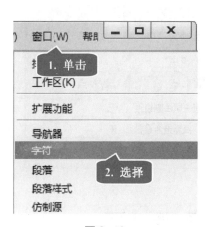

图 9-18

图 9-19

> 【设置行距】下拉列表 ：行距就是上一行文字基线与下一行文字基线之间的距离。选择需要调整的文字图层，然后在【设置行距】数值框中输入行距数或在下拉列表框中选择预设的行距值，按下 Enter 键即可。

> 【垂直缩放】文本框 /【水平缩放】文本框 ：用于设置文字的垂直或水平缩放比例，以调整文字的高度或宽度。

> 【比例间距】下拉列表框 ：是按指定的百分比来减少字符周围的空间。字符本身并不会被伸展或挤压，而是字符之间的间距被伸展或挤压了。

> 【字距调整】下拉列表框 ：用于设置文字的字符间距。输入正值时，字距会扩大；输入负值时，字距会缩小。

> 【字距微调】下拉列表框 ：用于设置两个字符之间的字距微调。在设置时，先要将光标插入到需要进行字距微调的两个字符之间，然后在数值框中输入所需的字距微调数量，输入正值时，字距会扩大；输入负值时，字距会缩小。

> 【基线偏移】文本框 ：用来设置文字与文字基线之间的距离。输入正值时，文字会上移；输入负值时，文字会下移。

> 【文字样式】按钮 ：设置文字的效果，包括仿粗体、仿斜体、全部大写字母、小型大写字母、上标、下标、下划线和删除线 8 种。

> 【语言设置】下拉按钮 ：用于设置文本连字符和拼写的语言类型。

> 【消除锯齿方式】下拉按钮 ：输入文字以后，可以在选项栏中为文字指定一种消除锯齿的方式。

Photoshop CC 中文版图像处理

9.3.2 使用【段落】面板

00分18秒

【段落】面板提供了用于设置段落编排格式的所有选项，还可以设置段落文本的对齐方式和缩进量等参数，在【窗口】菜单中选择【段落】菜单项即可打开【段落】面板，如图 9-20 和图 9-21 所示。

图 9-20

图 9-21

➢ 【左对齐文本】按钮：文字左对齐，段落右端参差不齐。
➢ 【居中对齐文本】按钮：文字居中对齐，段落两端参差不齐。
➢ 【右对齐文本】按钮：文字右对齐，段落左端参差不齐。
➢ 【最后一行左对齐】按钮：最后一行左对齐，其他行左右两端强制对齐。
➢ 【最后一行居中对齐】按钮：最后一行居中对齐，其他行左右两端强制对齐。
➢ 【最后一行右对齐】按钮：最后一行右对齐，其他行左右两端强制对齐。
➢ 【全部对齐】按钮：在字符间添加额外的间距，使文本左右两端强制对齐。
➢ 【左缩进】文本框：用于设置段落文本向左(横排文字)或向上(直排文字)的缩进量。
➢ 【右缩进】文本框：用于设置段落文本向右(横排文字)或向下(直排文字)的缩进量。
➢ 【首行缩进】文本框：用于设置段落文本中每个段落的第 1 行向右(横排文字)或第 1 列文字向下(直排文字)的缩进量。
➢ 【段前添加空格】文本框：设置光标所在段落与前一个段落之间的间隔距离。
➢ 【段后添加空格】文本框：设置当前段落与另外一个段落之间的间隔距离。
➢ 【避头尾法则设置】下拉按钮：不能出现在一行的开头或结尾的字符称为避头尾字符，Photoshop 提供了基于标准 JIS 的宽松和严格的避头尾集，宽松的避头尾设置忽略长元音字符。选择【JIS 宽松】或【JIS 严格】选项时，可以防止在一行的开头或结尾出现不能使用的字符。
➢ 【间距组合设置】下拉按钮：间距组合时日语字符、罗马字符、标点和特殊字符在行开头。行结尾和数字的间距指定日语文本编排。选择【间距组合 1】选项，可以对标点使用半角间距；选择【间距组合 2】选项，可以对行中除最后一个字符外的大多数字符使用全角间距；选择【间距组合 3】选项，可以对行中的大多数字符和最后一个字符使用全角间距；选择【间距组合 4】选项，可以对所有字符使用全角间距。

➤ 【连字】复选框：选中该复选框，在输入英文单词时，如果段落文本框的宽度不够，英文单词将自动换行，并在单词之间用连字符连接起来。

Section
9.4 编辑文字

在本节的学习过程中，将重点讲解与本章知识点有关的实践经验与技巧，主要内容包括切换文字方向、修改文本属性、查找和替换文字、点文本和段落文本的转换、设置段落的对齐与缩进方式等方面的知识与操作技巧。

9.4.1 切换文字方向

微课堂
00 分 12 秒

在 Photoshop CC 中，用户可以根据绘制图像的需要，对创建文字的方向进行切换，下面介绍切换文字方向的方法。

操作步骤 >> Step by Step

第 1 步 将光标定位在文字中，在文字工具选项栏中单击【切换文本方向】按钮，如图 9-22 所示。

第 2 步 通过以上方法即可完成切换文字方向的操作，如图 9-23 所示。

图 9-22

图 9-23

Photoshop CC 中文版图像处理

9.4.2　　修改文本属性

在 Photoshop CC 中输入文本后，用户可以修改文本的属性，修改文本属性的方法非常简单，下面详细介绍修改文本属性的操作方法。

操作步骤　>>　**Step by Step**

第 1 步　在 Photoshop CC 中创建文字后，**1.** 选中文字，**2.** 在工具栏中设置文字的字体和字号，如图 9-24 所示。

图 9-24

第 2 步　通过以上方法即可完成修改文本属性的操作，如图 9-25 所示。

图 9-25

9.4.3　　查找和替换文字

在 Photoshop CC 中，如果准备批量更改文本，用户可以使用查找和替换功能，下面介绍查找和替换文字的方法。

操作步骤　>>　**Step by Step**

第 1 步　创建段落文字后，**1.** 单击【编辑】主菜单，**2.** 在弹出的菜单中选择【查找和替换文本】菜单项，如图 9-26 所示。

图 9-26

第 2 步　弹出【查找和替换文本】对话框，**1.** 在【查找内容】文本框中输入文字，**2.** 在【更改为】文本框中输入文字，**3.** 单击【更改全部】按钮，如图 9-27 所示。

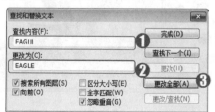

图 9-27

9.4.4　点文本和段落文本的转换

微课堂
00 分 52 秒

点文本和段落文本可以互相转换，如果是点文本，单击【文字】主菜单，在弹出的菜单中选择【转换为段落文本】菜单项，可将其转换为段落文本；如果是段落文本，单击【文字】主菜单，在弹出的菜单中选择【转换为点文本】菜单项，可将其转换为点文本。

🔘 **知识拓展**

将段落文本转换为点文本时，溢出定界框的字符将会被删除。因此，为避免丢失文字，应首先调整定界框，使所有文字在转换前都显示出来。

9.4.5　设置段落的对齐与缩进方式

微课堂
00 分 16 秒

在 Photoshop CC 中，用户使用【段落】面板可以对文字的段落属性进行设置，如调整对齐方式和缩进量等，使其更加美观，下面介绍设置段落对齐与缩进的方法。

操作步骤 >> Step by Step

第 1 步　在【图层】面板中选择准备应用设置的文字图层，如图 9-28 所示。

图 9-28

第 3 步　通过以上方法即可完成设置段落的对齐与缩进方式的操作，如图 9-30 所示。

图 9-30

第 2 步　在【段落】面板中，*1.* 单击【居中对齐文本】按钮▥，*2.* 在【左缩进】文本框中输入"20 点"，*3.* 在【右缩进】文本框中输入"20 点"，如图 9-29 所示。

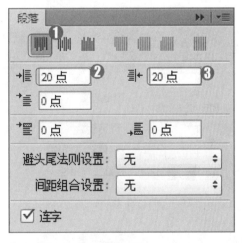

图 9-29

■ **指点迷津**

缩进用来指定文字与定界框之间或包含该文字的行之间的间距量。它只影响选择的一个或多个段落，因此，各个段落可以设置不同的缩进量。

Photoshop CC 中文版图像处理

Section 9.5　专题课堂——转换文字图层

在 Photoshop 中，文字图层作为特殊的矢量对象，不能够像普通图层一样进行编辑。因此为了进行更多操作，可以在编辑和处理文字时，将文字图层转换为普通图层，或将文字转换为形状、路径。本节将详细介绍转换文字图层方面的知识。

9.5.1　将文字图层转换为普通图层

微课堂 00分13秒

Photoshop 中的文字图层不能直接应用滤镜或进行涂抹、绘制等变换操作，若要对文本应用这些滤镜或变换时，就需要将其转换为普通图层，使矢量文字对象变成像素图像。下面详细介绍将文字图层转换为普通图层的操作方法。

操作步骤 >> **Step by Step**

第1步　在【图层】面板中，右击准备转换为普通图层的文字图层，在弹出的快捷菜单中选择【栅格化文字】菜单项，如图 9-31 所示。

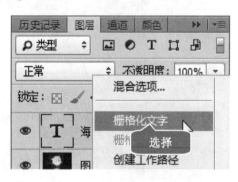

图 9-31

第2步　通过以上步骤即可将文字图层转换为普通图层，如图 9-32 所示。

图 9-32

9.5.2　将文字转换为形状

微课堂 00分12秒

用户还可以根据需要将文字图层转换为形状，将文字图层转换为形状的方法非常简单。下面详细介绍将文字图层转换为形状的方法。

操作步骤 >> **Step by Step**

第1步 在【图层】面板中，右击准备转换为形状的文字图层，在弹出的快捷菜单中选择【转换为形状】菜单项，如图9-33所示。

第2步 通过以上步骤即可完成将文字图层转换为形状的操作，如图9-34所示。

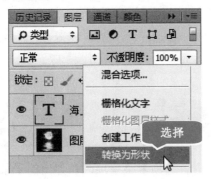

图 9-33

图 9-34

9.5.3 创建文字的工作路径

微课堂
00分14秒

用户还可以根据需要将文字图层转换为路径，将文字图层转换为路径的方法非常简单。下面详细介绍将文字图层转换为路径的方法。

操作步骤 >> **Step by Step**

第1步 选中准备创建文字路径的文字图层，*1.* 单击【文字】主菜单，*2.* 在弹出的菜单中选择【创建工作路径】菜单项，如图9-35所示。

第2步 通过以上步骤即可完成创建文字的工作路径的操作，如图9-36所示。

图 9-35

图 9-36

专家解读

基于文字生成工作路径后，原文字图层保持不变，生成的工作路径可以应用填充和描边，或者通过调整锚点得到变形文字。

Photoshop CC 中文版图像处理

 在本节的学习过程中，将重点讲解与本章知识点有关的实践经验与技巧，主要内容包括语言选项、OpenType 字体以及存储和载入文字样式、替换所欠缺的字体等方面的知识与操作技巧。

9.6.1 语言选项

微课堂
00 分 18 秒

单击【文字】主菜单，在弹出的菜单中选择【语言选项】菜单项，在弹出的子菜单中 Photoshop 提供了多种处理东亚语言、中东语言、阿拉伯数字等文字的菜单项，如图 9-37 所示。

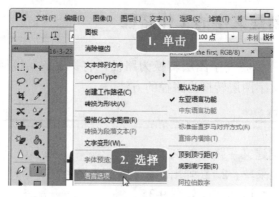

图 9-37

9.6.2 OpenType 字体

微课堂
00 分 18 秒

OpenType 字体是 Windows 和 Macitosh 操作系统都支持的字体文件。使用 OpenType 字体在这两个操作平台间交换文件时，不会出现字体替换或其他导致文本重新排列的问题。输入文字或编辑文本时，可以在工具选项栏或【字符】面板中选择 OpenType 字体(图标为 **O** 状)，如图 9-38 所示。

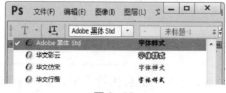

图 9-38

9.6.3　存储和载入文字样式

微课堂　00 分 25 秒

当前的字符和段落样式可存储为文字默认样式，它们会自动应用于新的文档以及尚未包含文字样式的现有文档。如果要将当前的字符和段落样式存储为文字默认样式，单击【文字】主菜单，在弹出的菜单中选择【存储默认文字样式】菜单项，如图 9-39 所示；如果要将默认字符和段落样式应用于文档，可以选择【载入默认文字样式】菜单项，如图 9-40 所示。

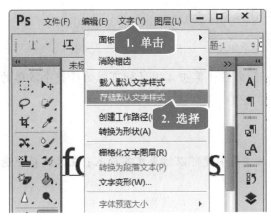

图 9-39

图 9-40

9.6.4　替换所欠缺的字体

微课堂　00 分 12 秒

打开文件时，如果该文档中的文字使用了系统中没有的字体，会弹出一条警告信息，指明缺少哪些字体，出现这种情况时，可以用新字体替换所缺字体。下面详细介绍替换所欠缺的字体的操作方法。

操作步骤　>>　Step by Step

第 1 步　　打开图像文件，**1.** 单击【文字】主菜单，**2.** 在弹出的菜单中选择【替换所有缺欠字体】菜单项，如图 9-41 所示。

第 2 步　　通过以上步骤即可完成替换所欠缺的字体的操作，如图 9-42 所示。

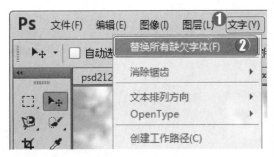

图 9-41

图 9-42

Photoshop CC中文版图像处理

Section 9.7 有问必答

1. 如何为 Photoshop 添加其他字体?

在实际工作中,为了达到特殊效果,经常需要使用到各种各样的字体,这时就需要用户自己安装其他的字体。Photoshop 中所使用的字体其实是调用操作系统中的系统字体,所以用户只需要把字体安装在操作系统的字体文件夹下即可。

2. 在 Photoshop CC 中如何快速选择一行文字或整个段落的文字?

在文本状态下,单击 3 次鼠标可以选择一行文字;单击 4 次鼠标可以选择整个段落的文字;按 Ctrl+A 组合键可以选中所有的文字。

3. 如何结束文字的输入?

按 Ctrl+Enter 组合键可以结束文字输入;按 Enter 键可以结束文字输入;在工具箱中选择其他工具也可以结束文字输入。

4. 如何调整字体预览大小?

在文字工具选项栏和【字符】面板中选择字体时,可以看到各种字体的预览效果。Photoshop 允许用户调整预览字体大小,单击【字体】主菜单,在弹出的菜单中选择【字体预览大小】菜单项即可调整字体预览大小。

5. 如何理解文字的基线?

使用文字工具在图像中单击设置文字插入点时,会出现闪烁的"I"形光标,光标中的小线条标记的便是文字的基线(文字所依托的假想线条)。默认情况下,绝大部分文字位于基线之上,小写的 g、p、q 位于基线之下。调整字符的基线使字符上升或下降,可以满足一些特殊文本的需要。

第10章

矢量工具与路径

- ❖ 绘图模式
- ❖ 路径与锚点
- ❖ 钢笔工具组
- ❖ 选择与编辑路径
- ❖ 路径的基本操作
- ❖ 专题课堂——形状工具

本章要点

本章主要内容

本章主要介绍了绘图模式、路径与锚点、钢笔工具组、选择与编辑路径、路径的基本操作和形状工具方面的知识与技巧，在本章的最后还针对实际工作需求，讲解了将选区转换为路径、如何使用直线工具等方法。通过本章的学习，读者可以掌握矢量工具与路径方面的知识，为深入学习 Photoshop CC 知识奠定基础。

Photoshop 中的钢笔和形状等矢量工具可以创建不同类型的对象，包括形状图层、工作路径和像素图形。选择一个矢量工具后，需要先在工具选项栏中设置相应的绘制模式，然后再进行绘图操作。本节将详细介绍有关绘图模式方面的知识。

10.1.1 设置绘图模式

微课堂
00分12秒

Photoshop 的矢量绘图工具包括钢笔工具和形状工具。钢笔工具主要用于绘制不规则的图形，而形状工具则是通过选择内置的图形样式绘制较为规则的图形。在绘图前首先要在工具栏中设置绘图模式，有形状、路径和像素三种模式，如图 10-1 所示。

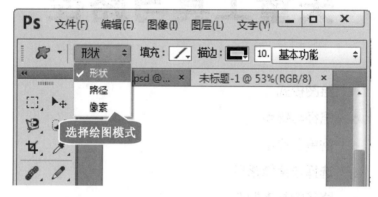

图 10-1

10.1.2 形状

微课堂
00分30秒

在工具箱中单击【自定义形状工具】按钮，然后设置绘制模式为【形状】，可以在工具选项栏中设置填充类型。单击【填充】按钮，在弹出的【填充】窗口中可以从【无颜色】、【纯色】、【渐变】、【图案】四个类型中选择一种，如图 10-2 所示。

单击【描边】按钮，在弹出的下拉菜单中也可以进行【无颜色】、【纯色】、【渐变】、【图案】四种类型的设置。在颜色设置的右侧可以进行描边粗细的设置。还可以对形状描边类型进行设置，单击下拉列表，在弹出的窗口中可以选择预设的描边类型，也可以对描边的对齐方式、断点类型以及角点类型进行设置，如图 10-3 所示。

设置了合适的选项后，在画布中进行拖曳即可出现形状，绘制形状可以在单独的一个图层中创建形状，在【路径】面板中显示了这一形状的路径。

图 10-2

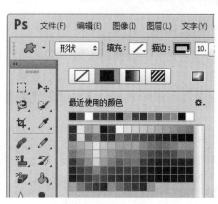
图 10-3

10.1.3　路径

微课堂
00 分 15 秒

单击工具箱中的【自定义形状工具】按钮，然后设置绘制模式为【路径】即可开始创建工作路径。工作路径不会出现在【图层】面板中，只会出现在【路径】面板中，如图 10-4 所示。

图 10-4

绘制完毕后可以在选项栏中快速地将路径转换为选区、蒙版或形状，如图 10-5 所示。

图 10-5

10.1.4　像素

微课堂
00 分 19 秒

单击工具箱中的【自定义形状工具】按钮，然后设置绘制模式为【像素】，并设置合适的混合模式与不透明度，如图 10-6 所示。这种绘图模式以当前前景色在所选图层中进行绘制。

图 10-6

Photoshop CC 中文版图像处理

知识拓展

在"像素"绘图模式下的工具选项栏中，【模式】下拉按钮可以设置混合模式，使绘制的图像与下方其他图像产生混合效果；【不透明度】下拉列表框可以为图像指定不透明度，使其呈现透明效果；【消除锯齿】复选框可以平滑图像的边缘，消除锯齿。

Section 10.2 路径与锚点

导读 矢量图是由数学定义的矢量形状组成的，因此，矢量工具创建的是一种由锚点和路径组成的图形。本节将重点介绍路径与锚点方面的知识。

10.2.1 路径

微课堂 00 分 24 秒

路径是可以转换成选区并可以对其填充和描边的轮廓。路径包括开放式路径和闭合式路径两种，如图 10-7 所示。其中，开放式路径是有起点和终点的路径；闭合式路径则是没有起点和终点的路径。路径也可以由多个相互独立的路径组件组成，这些路径称为子路径。

图 10-7

10.2.2 锚点

微课堂 00 分 22 秒

锚点是组成路径的单位，包括平滑点和角点两种，如图 10-8 所示。其中，平滑点可以通过连接形成平滑的曲线；角点可以通过连接形成直线或转角的曲线，曲线路径上锚点有方向线，该线的端点是方向点，可以调整曲线的形状。

知识拓展

路径和锚点是矢量对象且不包含像素，没有填充或者描边处理是不能打印出来的。使用 PSD、TIFF、JPEG 和 PDF 等格式存储文件可以保存路径。

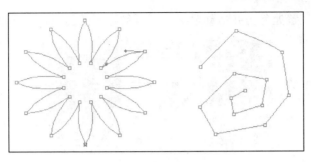

图 10-8

Section 10.3 钢笔工具组

导读

钢笔工具是 Photoshop 中最为强大的绘图工具，它主要有两种用途：一是绘制矢量图形，二是用于选取对象。在作为选取工具使用时，钢笔工具描绘的轮廓光滑、准确，将路径转换为选区就可以准确地选择对象。本节将介绍钢笔工具组的知识。

10.3.1 钢笔工具

微课堂
00 分 27 秒

钢笔工具是最基本、最常用的路径绘制工具，使用该工具可以绘制任意形状的直线或曲线路径。下面详细介绍使用钢笔工具绘制直线和曲线的方法。

操作步骤 >> Step by Step

第1步 在 Photoshop CC 中新建图像，**1.** 单击工具箱中的【钢笔工具】按钮 ，**2.** 将鼠标指针移动至图像文件中，当鼠标指针变为 时，在目标位置处创建第一个锚点，如图 10-9 所示。

第2步 在下一位置处单击，创建第二个锚点，两个锚点会连接成一条由角点定义的直线路径，通过以上方法即可完成绘制直线路径的操作，如图 10-10 所示。

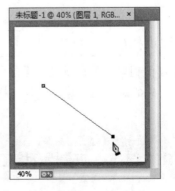

图 10-9

图 10-10

Photoshop CC 中文版图像处理

第3步　在下一位置处单击并拖动鼠标，即可创建一条曲线，如图 10-11 所示。

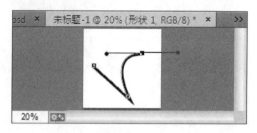

图 10-11

10.3.2　自由钢笔工具

在 Photoshop CC 中，用户使用【自由钢笔】工具可以绘制任意图形，下面介绍运用自由钢笔工具的方法。

操作步骤 >> Step by Step

第1步　新建图像后，**1.** 单击工具箱中的【自由钢笔工具】按钮，**2.** 将鼠标指针移动至图像文件中，当鼠标指针变为时，拖动鼠标左键，如图 10-12 所示。

第2步　释放鼠标，这样即可完成使用自由钢笔工具绘制路径的操作，如图 10-13 所示。

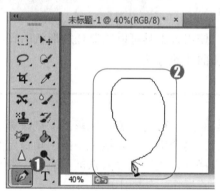

图 10-12

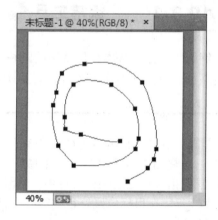

图 10-13

知识拓展

在自由钢笔工具选项栏的【自由钢笔选项】选项组中包含【曲线拟合】参数，该数值越大，创建的路径锚点越少，路径越简单；该数值越小，创建的路径锚点越多，路径细节越多。

10.3.3　磁性钢笔工具

在 Photoshop CC 中，如果准备使用磁性钢笔工具，用户需要选中自由钢笔工具选项栏

中的【磁性的】复选框。下面介绍运用磁性钢笔工具的方法。

操作步骤 >> **Step by Step**

第1步 新建图像后，**1.** 单击工具箱中的【自由钢笔工具】按钮 ，**2.** 在【钢笔工具】选项栏中选中【磁性的】复选框，**3.** 当鼠标指针变为 时，在文档窗口中绘制图像，如图 10-14 所示。

第2步 通过以上方法即可完成运用磁性钢笔工具的操作，如图 10-15 所示。

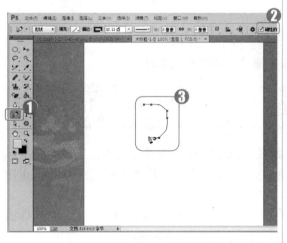

图 10-14

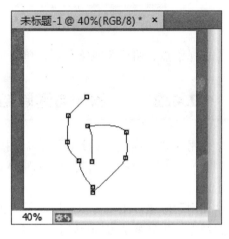

图 10-15

Section 10.4　选择与编辑路径

导读

使用钢笔工具绘图或者描摹对象的轮廓时，有时不能一次就绘制准确，而是需要在绘制完成后，通过对锚点和路径的编辑来达到目的。本节介绍选择与编辑路径方面的知识。

10.4.1　选择与移动锚点和路径

微课堂
00分14秒

使用【直接选择工具】 单击一个锚点即可选择锚点，选中的锚点为实心方块，未选中的锚点为空心方块，如图 10-16 所示。单击一个路径段时，可以选择该路径段。

使用【路径选择工具】 单击路径即可选择路径，如图 10-17 所示。如果要选择多个锚点、路径段或路径，可以按住 Shift 键逐一单击需要选择的对象；也可以单击并拖曳一个选框，将需要选择的对象框选；如果要取消选择，可在画面空白处单击。

Photoshop CC 中文版图像处理

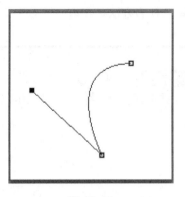
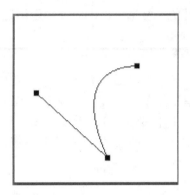

图 10-16　　　　　　　　　　图 10-17

选择锚点、路径段或路径后，单击鼠标并拖动，即可将其移动。

10.4.2　　添加与删除锚点

微课堂 00 分 24 秒

使用【添加锚点工具】可以直接在路径上添加锚点；或者在使用钢笔工具的状态下，将光标放在路径上，当其变为形状时，在路径上单击也可以添加一个锚点，如图 10-18 所示。

使用删除锚点工具可以删除路径上的锚点；或者在使用钢笔工具的状态下，将光标放在路径上，当其变成形状时，单击即可删除锚点，如图 10-19 所示。

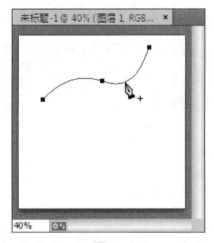
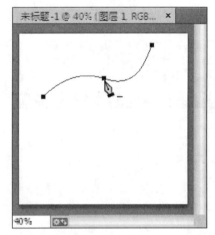

图 10-18　　　　　　　　　　图 10-19

10.4.3　　使用转换点工具调整路径弧度

微课堂 00 分 14 秒

在 Photoshop CC 中，用户使用转换点工具可以根据需要调整路径的形状，下面介绍路径变换的方法。

操作步骤　>>　Step by Step

第1步　绘制工作路径后，**1.** 单击工具箱中的【转换点工具】按钮，**2.** 当鼠标指针变为时，在图形路径中单击，使路径中出现锚点，如图 10-20 所示。

第2步　出现锚点后，选择准备改变形状的角点，拖动该角点，图像的路径发生形状改变，如图 10-21 所示。

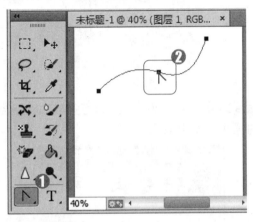

图 10-20

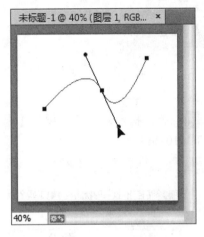

图 10-21

知识拓展

使用【直接选择工具】时，按住 Ctrl+Alt 组合键可切换为【转换点工具】，单击并拖动锚点，可将其转换为平滑点；按住 Ctrl+Alt 组合键单击平滑点可将其转换为焦点。

10.4.4　复制和删除路径

微课堂 00分33秒

在 Photoshop CC 中，用户可以对已经创建的路径进行复制，以便用户对图像进行编辑，下面介绍复制和删除路径的方法。

操作步骤　>>　**Step by Step**

第1步　在【路径】面板中，右击准备复制的路径层，在弹出的快捷菜单中选择【复制路径】菜单项，如图 10-22 所示。

第2步　弹出【复制路径】对话框，**1.** 在【名称】文本框中输入路径的名称，**2.** 单击【确定】按钮，如图 10-23 所示。

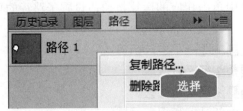

图 10-22

图 10-23

Photoshop CC 中文版图像处理

第3步　通过以上方法即可完成复制路径的操作，如图 10-24 所示。

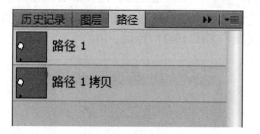

图 10-24

第4步　在【路径】面板中选中准备删除的路径层，单击【删除当前路径】按钮，如图 10-25 所示。

图 10-25

第5步　弹出提示对话框，单击【是】按钮，如图 10-26 所示。

图 10-26

第6步　通过以上方法即可完成删除路径的操作，如图 10-27 所示。

图 10-27

Section 10.5 路径的基本操作

　路径可以进行变换、定义为形状、建立选区、描边等操作，也可以像选区一样进行运算。本节将详细介绍路径基本操作方面的知识。

10.5.1　路径的运算

微课堂
00 分 10 秒

创建多个路径或形状时，可以在工具选项栏中单击相应的运算按钮，设置子路径的重叠区域会产生的交叉结果，如图 10-28 所示。

➢ 【新建图层】选项：新绘制的图形与之前的图形不进行运算。

➢ 【合并形状】选项：将新区域添加到重叠路径区域。

➢ 【减去顶层形状】选项：将新区域从重叠路径区域移去。

➢ 【与形状区域相交】选项：将路径限制为新区域和现有区域的交叉区域。

➢ 【排除重叠形状】选项：从合并路径中排除重叠区域。

图 10—28

10.5.2　变换路径

微课堂
00 分 25 秒

变换路径的方法与变换图像的方法相同，下面详细介绍变换路径的操作方法。

操作步骤　>>　Step by Step

第 1 步　选中路径，*1.* 单击【编辑】主菜单，*2.* 在弹出的菜单中选择【变换路径】菜单项，*3.* 在弹出的子菜单中选择【缩放】菜单项，如图 10-29 所示。

第 2 步　选区周围出现定界框，将鼠标指针移至定界框四角，按住鼠标向上或向下进行拖动即可完成操作，如图 10-30 所示。

图 10—29

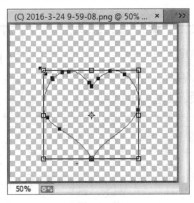

图 10—30

10.5.3　排列、对齐与分布路径

微课堂
00 分 22 秒

选择多个路径，单击工具选项栏中的【路径排列方式】按钮，在下拉列表中选择需要的选项，可以将选中的路径关系进行相应的排列，如图 10-31 所示。

选择多个路径，在选项栏中单击【路径对齐方式】按钮，在弹出的菜单中可以对所选路径进行对齐、分布，如图 10-32 所示。

Photoshop CC 中文版图像处理

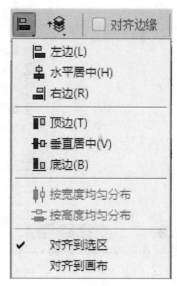

图 10-31 图 10-32

10.5.4 将路径自定义为形状

绘制路径后，可以将路径自定义为形状，下面介绍将路径自定义为形状的操作方法。

操作步骤 >> Step by Step

第1步 选中路径，**1.** 单击【编辑】主菜单，**2.** 在弹出的菜单中选择【定义自定形状】菜单项，如图 10-33 所示。

第2步 弹出【形状名称】对话框，**1.** 在【名称】文本框中输入名称，**2.** 单击【确定】按钮即可完成操作，如图 10-34 所示。

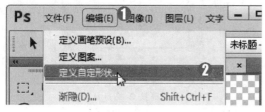

图 10-33

图 10-34

10.5.5 填充路径

创建路径后，用户可以将路径填充上自己喜欢的颜色。填充路径的方法非常简单，下面详细介绍填充路径的操作方法。

第1步 使用钢笔工具或形状工具(自定义形状工具除外),在路径上右击,在弹出的快捷菜单中选择【填充路径】菜单项,如图 10-35 所示。

图 10-35

第3步 通过上述操作即可完成填充路径的操作,如图 10-37 所示。

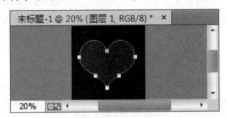

图 10-37

第2步 弹出【填充路径】对话框,**1.** 在【使用】下拉列表框中选择【前景色】选项,**2.** 单击【确定】按钮,如图 10-36 所示。

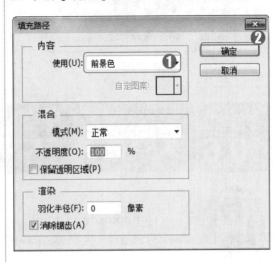

图 10-36

■ 指点迷津

除了使用纯色填充路径外,还可以尝试使用图案来填充路径。

10.5.6 描边路径

微课堂 00 分 23 秒

创建路径后,用户可以将路径描边。描边路径的方法非常简单,下面详细介绍描边路径的操作方法。

第1步 在路径上右击,在弹出的快捷菜单中选择【描边路径】菜单项,如图 10-38 所示。

图 10-38

第2步 弹出【描边路径】对话框,**1.** 在【工具】下拉列表框中选择【铅笔】选项,**2.** 单击【确定】按钮,如图 10-39 所示。

图 10-39

Photoshop CC 中文版图像处理

第3步　通过上述操作即可完成描边路径的操作，如图 10-40 所示。

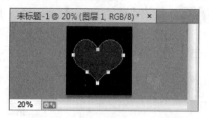

图 10-40

■ **指点迷津**

　　设置好画笔的参数以后，在使用画笔状态下按 Enter 键可以直接为路径描边。

Section 10.6 专题课堂——形状工具

导读

　　在 Photoshop CC 中，使用工具箱中的形状工具，用户可以创建各种形状的路径，本节将重点介绍形状工具应用方面的知识。

10.6.1　矩形工具

微课堂
00 分 11 秒

　　在 Photoshop CC 中，使用工具箱中的矩形工具，用户可以绘制出矩形路径或正方形路径，下面介绍使用矩形工具的方法。

操作步骤　>>　**Step by Step**

第1步　新建图像后，**1.** 单击工具箱中的【矩形工具】按钮 ▣，**2.** 当鼠标变为 -¦- 形状时，单击并拖动鼠标，如图 10-41 所示。

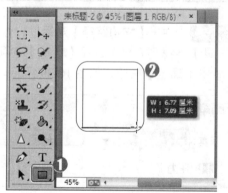

图 10-41

第2步　通过以上方法即可完成运用矩形工具的操作，如图 10-42 所示。

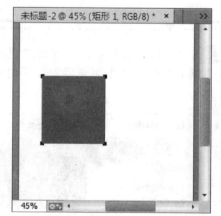

图 10-42

10.6.2 圆角矩形工具

在 Photoshop CC 中，使用工具箱中的圆角矩形工具，用户可以绘制出带有不同角度的圆弧矩形路径或圆弧正方形路径，下面介绍使用圆角矩形工具的方法。

操作步骤 >> **Step by Step**

第1步 新建图像，**1.** 单击工具箱中的【圆角矩形工具】按钮 ◻，**2.** 当鼠标变为 -¦- 形状时，单击并拖动鼠标，如图 10-43 所示。

第2步 通过以上方法即可完成运用圆角矩形工具的操作，如图 10-44 所示。

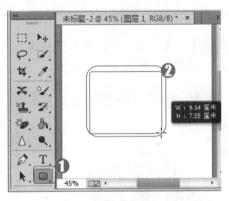

图 10-43

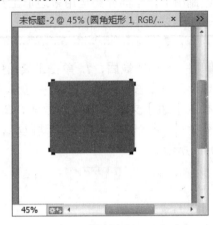

图 10-44

10.6.3 椭圆工具

在 Photoshop CC 中，使用工具箱中的椭圆工具，用户可以创建椭圆路径，下面介绍运用椭圆工具的方法。

操作步骤 >> **Step by Step**

第1步 新建图像后，**1.** 单击工具箱中的【椭圆工具】按钮 ◯，**2.** 当鼠标变为 -¦- 形状时，单击并拖动鼠标，如图 10-45 所示。

第2步 通过以上方法即可完成运用椭圆工具的操作，如图 10-46 所示。

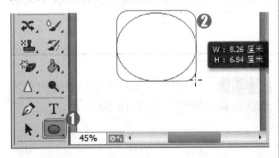

图 10-45

图 10-46

Photoshop CC中文版图像处理

专家解读

如果要创建椭圆，可以拖曳鼠标进行创建；如果要创建圆形，可以按住 Shift+Alt 组合键(以鼠标单击点为中心)进行创建。

10.6.4　多边形工具

微课堂
00分28秒

在 Photoshop CC 中，用户使用多边形工具可以在工具选项栏中设置绘制边的数量，然后绘制图形，下面介绍运用多边形工具的方法。

操作步骤　>>　Step by Step

第1步　新建图像后，**1.** 单击工具箱中的【多边形工具】按钮 ⬡，**2.** 在多边形工具选项栏的【边】文本框中输入数值，**3.** 当鼠标变为 -¦- 形状时，单击并拖动鼠标，如图 10-47 所示。

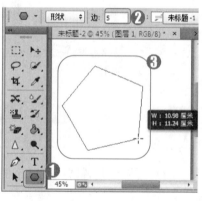

图 10-47

第2步　通过以上方法即可完成运用多边形工具的操作，如图 10-48 所示。

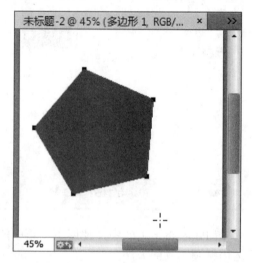

图 10-48

10.6.5　自定形状工具

微课堂
00分22秒

使用自定形状工具可以创建出各种不规则的形状，下面详细介绍使用自定形状工具的操作方法。

操作步骤　>>　Step by Step

第1步　新建图像后，**1.** 单击工具箱中的【自定形状工具】按钮 ⬟，**2.** 在自定形状工具选项栏的【形状】下拉列表框中选择准备创建的形状，**3.** 当鼠标变为 -¦- 形状时，单击并拖动鼠标，如图 10-49 所示。

第2步　通过以上方法即可完成运用自定形状工具的操作，如图 10-50 所示。

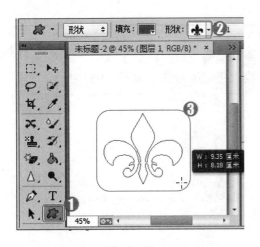

图 10-49

图 10-50

单击【自定形状工具】按钮后，在工具选项栏中单击【设置约束比例】下拉按钮 ，在弹出的下拉选项中可以选择形状的比例，如图 10-51 所示。

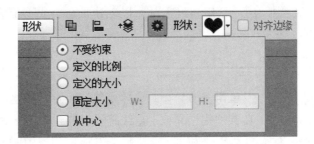

图 10-51

Section 10.7　实践经验与技巧

在本节的学习过程中，将侧重介绍与本章知识点有关的实践经验与技巧，主要内容包括将选区转换为路径、直线工具和合并形状图层等方面的知识与操作技巧。

10.7.1　将选区转换为路径

微课堂
00 分 19 秒

在 Photoshop CC 中，用户可以将选区转换成路径，下面介绍从选区建立路径的方法。

Photoshop CC 中文版图像处理

操作步骤 >> **Step by Step**

第1步 绘制一个选区，在选区内部右击，在弹出的快捷菜单中选择【建立工作路径】菜单项，如图 10-52 所示。

第2步 通过以上步骤即可完成将选区转换为路径的操作，如图 10-53 所示。

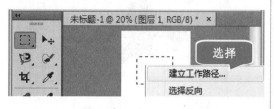

图 10-52

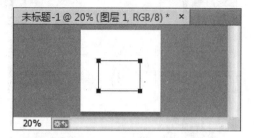

图 10-53

10.7.2　直线工具

微课堂
00 分 15 秒

在 Photoshop CC 中，用户使用直线工具可以创建带箭头或不带箭头的直线，下面介绍运用直线工具的方法。

操作步骤 >> **Step by Step**

第1步 新建图像文件，*1.* 单击工具箱中的【直线工具】按钮，*2.* 在选项栏中单击【几何选项】按钮，*3.* 在弹出的下拉面板中选中【起点】和【终点】复选框，如图 10-54 所示。

第2步 在文档窗口中绘制一条带箭头的直线路径，通过以上方法即可完成运用直线工具的操作，如图 10-55 所示。

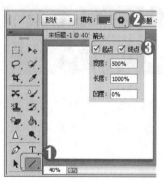

图 10-54

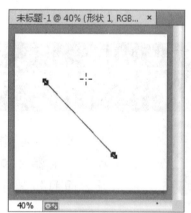

图 10-55

10.7.3　合并形状图层

微课堂
00 分 17 秒

创建两个或多个形状图层后，用户可以将这些图层进行合并，合并形状图层的方法非常简单，下面详细介绍合并形状图层的方法。

操作步骤 >> Step by Step

第1步　在【图层】面板中，*1.* 选中准备合并的形状图层，*2.* 右击图层，在弹出的快捷菜单中选择【合并形状】菜单项，如图 10-56 所示。

第2步　通过以上方法即可完成合并形状图层的操作，如图 10-57 所示。

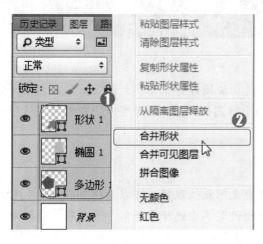

图 10-56

图 10-57

10.7.4　【路径】面板

微课堂

00 分 12 秒

单击【窗口】主菜单，在弹出的下拉菜单中选择【路径】菜单项即可打开【路径】面板，如图 10-58 和图 10-59 所示。

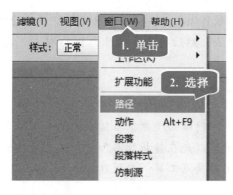

图 10-58

图 10-59

下面介绍【路径】面板中各选项的功能。

➢ 【用前景色填充路径】按钮：用前景色填充路径区域。

➢ 【用画笔描边路径】按钮○：用画笔工具对路径进行描边。

Photoshop CC 中文版图像处理

➤ 【将路径作为选区载入】按钮 ：将当前选择的路径转换为选区。

➤ 【从选区生成工作路径】按钮：从当前的选区中生成工作路径。

➤ 【添加蒙版】按钮：从当前路径创建蒙版。

➤ 【创建新路径】按钮：可以创建新的路径层。

➤ 【删除当前路径】按钮：可以删除当前选择的路径。

Section 10.8 有问必答

1. 如何理解贝塞尔曲线？

钢笔工具绘制的曲线叫作贝塞尔曲线。它是由法国计算机图形大师贝塞尔在 20 世纪 70 年代早期开发的，其原理是在锚点上加上两个控制柄，不论调整哪一个控制柄，另外一个始终与它保持成一直线并与曲线相切。

2. 如何加载 Photoshop 预设形状和外部形状？

在选项栏中单击【形状】下拉按钮，打开自定形状选取器，可以看到 Photoshop 只提供了少量的形状，这时可单击菜单按钮，在弹出的菜单中选择【全部】菜单项，这样即可将 Photoshop 预设的所有形状都加载到自定形状拾色器中。若要加载外部的形状，在拾色器菜单中选择【载入形状】菜单项，然后在弹出的【载入】对话框中选择形状即可。

3. 如何在绘图的过程中移动图形？

使用矩形、圆形、多边形、直线和自定义形状工具时，在创建形状的过程中按下键盘中的空格键并拖动鼠标，可以移动形状。

4. 如何将透明背景的图像输出到 InDesign？

如果要将 Photoshop 中的图像输出到排版软件 InDesign 中，并且保持背景为透明状态，可以先在 Photoshop 中选取图像，并将背景删除，然后将文件保存为 PSD 格式，再切换到 InDesign，将文件置入即可。

5. 在制作复杂路径时，如何减少锚点个数？

在绘制复杂路径时，经常会为了绘制得更加精细而绘制很多锚点，但是路径上锚点越多，编辑调整时就越麻烦，所以在绘制路径时可以先在转折处添加尖角锚点绘制出大体形状，然后再使用添加锚点工具增加细节或使用转换点工具调整弧度。

第11章

蒙版与通道

本章主要内容

　　本章主要介绍了蒙版基础知识、图层蒙版、矢量蒙版、剪贴蒙版、快速蒙版、通道的类型等方面的知识与技巧，在本章的最后还针对实际工作需求，讲解了用通道抠图、取消图层蒙版链接和新建 Alpha 通道等的方法。通过本章的学习，读者可以掌握蒙版与通道方面的知识，为深入学习 Photoshop CC 知识奠定基础。

在 Photoshop CC 中，蒙版的作用是将不同灰度色值转化为不同的透明度，并作用到它所在的图层，使图层不同部位透明度产生相应的变化。本节将重点介绍蒙版方面的知识。

11.1.1 蒙版的种类和用途

00分34秒

蒙版原本是摄影术语，是指用于控制图片不同区域曝光的传统暗房技术。在 Photoshop 中，蒙版与曝光无关，它借鉴了区域处理这一概念，可以处理局部图像，成为用于合成图像的必备利器。由于蒙版可以遮盖住部分图像，使其避免受到操作的影响，这种隐藏而非删除的编辑是一种非常方便的非破坏性编辑方式。

在 Photoshop 中，蒙版分为快速蒙版、剪贴蒙版、矢量蒙版和图层蒙版。快速蒙版是一种用于创建和编辑选区的功能；矢量蒙版是由路径工具创建的蒙版，该蒙版可以通过路径与矢量图形控制图形的显示区域；使用图层蒙版可以将图像进行合成，蒙版中的白色区域可以遮盖下方图层中的内容，黑色区域可以遮盖当前图层中的内容；在 Photoshop CC 中，使用剪贴蒙版，用户可以通过一个图层来控制多个图层的显示区域。

在 Photoshop CC 中，蒙版具有转换方便、修改方便和运用不同滤镜等优点，下面介绍蒙版的作用。

➢ 转换方便：任意灰度图都可以转换成蒙版，操作方便。

➢ 修改方便：使用蒙版，不会像使用橡皮擦工具或剪切删除操作而造成不可返回的错误。

➢ 运用不同滤镜：使用蒙版，用户可以运用不同滤镜，制作出不同的效果。

11.1.2 蒙版【属性】面板

00分08秒

蒙版【属性】面板用于调整所选图层中的图层蒙版和矢量蒙版的不透明度和羽化范围，如图 11-1 所示。单击【窗口】主菜单，在弹出的下拉菜单中选择【属性】菜单项，即可打开【属性】面板。

➢ 【当前选择蒙版】图标 ▢图层蒙版：显示了在【图层】面板中选择的蒙版的类型，此时可在【属性】面板中对其进行编辑。

➢ 【添加像素蒙版】按钮 ▣：单击该按钮，可以为当前图层添加蒙版。

➢ 【添加矢量蒙版】按钮 ▫：单击该按钮，可以为当前图层添加矢量蒙版。

➢ 【浓度】文本框/滑块：拖曳滑块可以控制蒙版的不透明度，即蒙版的遮盖强度。

➢ 【羽化】文本框/滑块：拖曳滑块可以柔化蒙版的边缘。

图 11—1

➢ 【蒙版边缘】按钮：单击该按钮，可以打开【调整蒙版】对话框，在该对话框中
可以修改蒙版边缘，并针对不同的背景查看蒙版。这些操作与调整选区边缘基本
相同。

➢ 【颜色范围】按钮：单击该按钮，可以打开【色彩范围】对话框，此时可在图像
中取样并调整颜色容差来修改蒙版范围。

➢ 【反相】按钮：可以翻转蒙版的遮盖区域。

➢ 【从蒙版中载入选区】按钮 ：单击该按钮，可以载入蒙版中包含的选区。

➢ 【应用蒙版】按钮 ：单击该按钮，可以将蒙版应用到图像中，同时删除被蒙版
遮盖的图像。

➢ 【停用/启用蒙版】按钮 ：单击该按钮，或按住 Shift 键单击蒙版的缩略图，
可以停用或重新启用蒙版。停用蒙版时，蒙版缩览图上会出现一个红色的"×"。

➢ 【删除蒙版】按钮 ：单击该按钮，可删除当前蒙版。将蒙版缩览图拖曳到【属
性】面板底部的按钮上，也可将其删除。

Section 11.2　图层蒙版

　　图层蒙版是一个 256 级色阶的灰度图像，它蒙在图层上面，起
到遮盖的作用。使用图层蒙版可以进行合成图像的操作。本节将重
点介绍图层蒙版应用技巧方面的知识。

11.2.1　图层蒙版的工作原理

微课堂
00 分 15 秒

在图层蒙版中，纯白色对应的图像是可见的，纯黑色会遮盖图像，灰色区域会使图像

Photoshop CC 中文版图像处理

呈现出一定程度的透明效果(灰色越深，图像越透明)。基于以上原理，当用户想要移除图像的某些区域时，可以为它添加一个蒙版，再将相应区域涂黑即可；想让图像呈现出半透明效果，可以将蒙版涂灰。图层蒙版是位图图像，几乎所有的绘画工具都可以用来编辑它。

🔆 **知识拓展**

除了可以在图层蒙版中填充颜色以外，还可以在图层蒙版中填充渐变，使用不同的画笔工具来编辑蒙版，在图层蒙版中应用各种滤镜。

11.2.2 创建图层蒙版

创建图层蒙版的方法非常简单，下面详细介绍创建图层蒙版的方法。

操作步骤 >> **Step by Step**

第1步 在【图层】面板中，**1.** 选择准备添加图层蒙版的图层，**2.** 在【图层】面板底部单击【添加图层蒙版】按钮 ，如图 11-2 所示。

第2步 通过以上方法即可完成创建图层蒙版的操作，如图 11-3 所示。

图 11-2

图 11-3

11.2.3 从选区中生成蒙版

在 Photoshop CC 中，用户可以将选区中的内容创建为蒙版，并快速进行更换背景的操作，下面介绍通过选区创建蒙版的方法。

操作步骤 >> **Step by Step**

第1步 打开图像文件，**1.** 选取需要添加图层蒙版的选区，**2.** 在【图层】面板中单击【添加图层蒙版】按钮 ，如图 11-4 所示。

第2步 通过以上方法即可完成从选区中生成蒙版的操作，如图 11-5 所示。

图 11-4

图 11-5

Section
11.3

矢量蒙版

导读　矢量蒙版是由钢笔工具或形状工具创建的蒙版，它可以通过图像路径与矢量图形来控制图形的显示区域。本节将重点介绍矢量蒙版应用技巧方面的知识。

11.3.1　创建矢量蒙版

微课堂　00 分 18 秒

矢量蒙版是矢量工具，它与分辨率无关，无论怎样缩放都能保持光滑的轮廓，因此常用来制作 Logo、按钮或其他 Web 设计元素。下面详细介绍创建矢量蒙版的方法。

操作步骤　>>　Step by Step

第1步　打开图像文件，**1.** 在工具箱中选择【自定形状工具】按钮 ，**2.** 在工具选项栏的【形状】下拉列表框中选择形状，**3.** 在文档窗口中绘制一个形状，如图 11-6 所示。

第2步　绘制形状后，**1.** 选择【图层】主菜单，**2.** 在弹出的菜单中选择【矢量蒙版】菜单项，**3.** 在弹出的子菜单中选择【当前路径】菜单项，如图 11-7 所示。

图 11-6

图 11-7

Photoshop CC 中文版图像处理

第3步 通过以上方法即可完成创建矢量蒙版的操作，如图 11-8 所示。

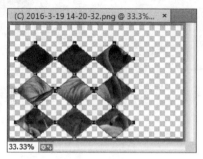

图 11-8

■ **指点迷津**

单击【图层】主菜单，在弹出的菜单中选择【矢量蒙版】菜单项，再在弹出的子菜单中选择【显示全部】菜单项，可以创建一个显示全部图像内容的矢量蒙版；单击【图层】主菜单，在弹出的菜单中选择【矢量蒙版】菜单项，再在弹出的子菜单中选择【隐藏全部】菜单项，可以创建一个隐藏全部图像的矢量蒙版。

11.3.2　在矢量蒙版中绘制形状

创建矢量蒙版后，可以继续使用钢笔工具或形状工具在矢量蒙版中绘制形状，下面详细介绍在矢量蒙版中绘制形状的操作方法。

操作步骤　>>　Step by Step

第1步 选中带有矢量蒙版的图层，**1.** 单击工具箱中的【自定形状工具】按钮 ，**2.** 在工具选项栏的【路径操作】下拉列表中选择【合并形状】选项 ，**3.** 在【形状】下拉列表框中选择音符图形，如图 11-9 所示。

第2步 在文档中绘制图形，通过以上步骤即可完成在矢量蒙版中绘制形状的操作，如图 11-10 所示。

图 11-9

绘制图形

图 11-10

11.3.3　将矢量蒙版转换为图层蒙版

在 Photoshop CC 中，如果准备使用图层蒙版对图层进行编辑，用户可以将矢量蒙

版栅格化，下面介绍将矢量蒙版栅格化的方法。

操作步骤　>>　Step by Step

第1步　在【图层】面板中，右击需要栅格化的矢量蒙版，在弹出的快捷菜单中选择【栅格化图层】菜单项，如图 11-11 所示。

图 11-11

第2步　通过以上方法即可完成将矢量蒙版栅格化的操作，如图 11-12 所示。

图 11-12

知识拓展

　　除了在【图层】面板中右击矢量蒙版图层的方法之外，单击【图层】主菜单，在弹出的菜单中选择【栅格化】菜单项，再在弹出的子菜单中选择【矢量蒙版】菜单项也可以将矢量蒙版转换为图层蒙版。

Section 11.4　剪贴蒙版

　　在 Photoshop CC 中，剪贴蒙版也称剪贴组，是通过使用处于下方图层的形状来限制上方图层的显示状态，达到一种剪贴画的效果。本节将介绍剪贴蒙版应用技巧方面的知识。

11.4.1　创建剪贴蒙版

微课堂
00 分 30 秒

　　在 Photoshop CC 中，用户可以在图像中创建任意形状并添加剪贴蒙版，制作出不同的艺术效果，下面介绍创建剪贴蒙版的方法。

Photoshop CC 中文版图像处理

操作步骤 >> **Step by Step**

第1步 在【图层】面板中，**1.** 在"背景"图层上方新建一个"图层2"，**2.** 单击"图层1"前面的眼睛图标将其隐藏，如图11-13所示。

图 11-13

第2步 在工具箱中，**1.** 单击【自定形状工具】按钮，**2.** 在工具选项栏中选择【像素】选项，**3.** 在【形状】下拉列表框中选择心形，**4.** 在文档中绘制图形，如图11-14所示。

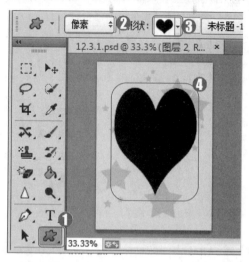

图 11-14

第3步 在【图层】面板中显示"图层1"，右击"图层1"，在弹出的快捷菜单中选择【创建剪贴蒙版】菜单项，如图11-15所示。

图 11-15

第4步 通过以上步骤即可完成创建剪贴蒙版的操作，如图11-16所示。

图 11-16

 知识拓展

　　剪贴蒙版由基底图层和内容图层两个部分组成。基底图层是位于剪贴蒙版最底端的一个图层，内容图层则可以有多个。其原理是通过使用处于下方图层的形状来限制上方图层的显示状态，而顶层则用于限定最终图像显示的颜色图案。剪贴蒙版可以应用于多个图层，但有一个前提，就是这些图层必须上下相邻。

11.4.2　释放剪贴蒙版

在 Photoshop CC 中，如果不再准备使用剪贴蒙版，用户可以将其还原成普通图层，下面介绍释放剪贴蒙版的方法。

操作步骤 >> Step by Step

第1步　在【图层】面板中，右击剪贴蒙版的图层，在弹出的快捷菜单中选择【释放剪贴蒙版】菜单项，如图 11-17 所示。

第2步　通过以上方法即可完成释放剪贴蒙版的操作，如图 11-18 所示。

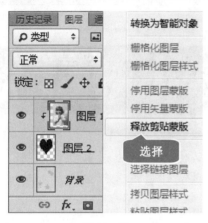

图 11-17

图 11-18

11.4.3　设置剪贴蒙版的不透明度

剪贴蒙版组使用基底图层的不透明度属性，因此调整基底图层的不透明度时，可以控制整个剪贴蒙版组的不透明度，如图 11-19 和图 11-20 所示。

图 11-19

图 11-20

调整内容图层的不透明度时，不会影响到剪贴蒙版组中的其他图层，如图 11-21 和

Photoshop CC 中文版图像处理

图 11-22 所示。

图 11-21　　　　　　　　　　　　　　　图 11-22

内容图层图像变浅

透明度变小

11.5 快速蒙版

导读　在快速蒙版模式下，用户可以将选区作为蒙版进行编辑，并且可以使用几乎全部的绘画工具或滤镜对蒙版进行编辑。本节将详细介绍快速蒙版的有关知识。

11.5.1　创建快速蒙版

微课堂
00 分 08 秒

在 Photoshop CC 中，创建快速蒙版的方法非常简单，下面介绍创建快速蒙版的方法。

操作步骤　>>　Step by Step

第1步　打开图像，在工具箱中单击【以快速蒙版模式编辑】按钮，如图 11-23 所示。

第2步　在【通道】面板中可以观察到一个快速蒙版通道，通过以上步骤即可完成创建快速蒙版的操作，如图 11-24 所示。

单击

图 11-23

快速蒙版通道

图 11-24

11.5.2　编辑快速蒙版

00 分 16 秒

默认情况下，快速蒙版为透明度为 50%的红色，用户可以根据绘制图像的需要编辑快速蒙版选项，以便用户更好地使用快速蒙版功能。下面介绍编辑快速蒙版的方法。

操作步骤 >> Step by Step

第 1 步　在 Photoshop CC 中打开图像，双击工具箱中的【快速蒙版】按钮 ，如图 11-25 所示。

双击

图 11-25

第 2 步　弹出【快速蒙版选项】对话框，**1.** 在【颜色】区域的【不透明度】文本框中输入数值，**2.** 单击【确定】按钮即可完成操作，如图 11-26 所示。

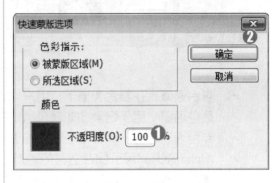

图 11-26

 **知识拓展**

进入快速蒙版编辑模式以后，可以使用绘画工具在图像上进行绘制，绘制区域将以红色显示出来，红色区域表示未选中的区域，非红色区域表示选中的区域。在工具箱中单击【以快速蒙版模式编辑】按钮或按 Q 键退出快速蒙版编辑模式，就可以得到想要的选区。

Section 11.6　通道的类型

导读　通道是用于存储图像颜色信息和选区信息等不同类型信息的灰度图像。一个图像最多可有 56 个通道。本节将详细介绍有关通道方面的知识。

11.6.1　【通道】面板

00 分 09 秒

在 Photoshop CC 中，使用通道编辑图像之前，用户首先要对【通道】面板的组成

Photoshop CC 中文版图像处理

有所了解，下面详细介绍【通道】面板方面的知识，如图 11-27 所示。

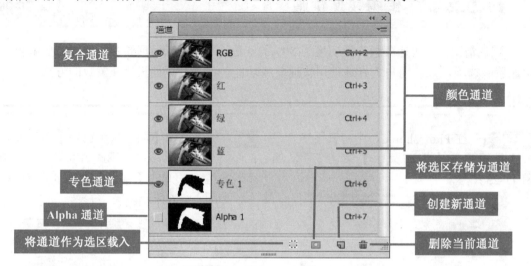

图 11-27

- ➤ 复合通道：在复合通道下，用户可以同时预览和编辑所有颜色通道。
- ➤ 颜色通道：用于记录图像颜色信息的通道。
- ➤ 专色通道：用于保存专色油墨的通道。
- ➤ Alpha 通道：用于保存选区的通道。
- ➤ 【将通道作为选区载入】按钮 ⊙：单击该按钮，用户可以载入所选通道中的选区。
- ➤ 【将选区存储为通道】按钮 ▣：单击该按钮，用户可以将图像中的选区保存在通道内。
- ➤ 【创建新通道】按钮 🖪：单击该按钮，用户可以新建 Alpha 通道。
- ➤ 【删除当前通道】按钮 🗑：用于删除当前选择的通道，复合通道不能被删除。

11.6.2　颜色通道

微课堂
00 分 12 秒

　　颜色通道是将构成整体图像的颜色信息整理并表现为单色图像的工具。根据图像颜色模式的不同，颜色通道的数量也不同。例如，RGB 模式的图像有 RGB、红、绿和蓝 4 个通道；CMYK 颜色模式的图像有 CMYK、青色、洋红、黄色和黑色 5 个通道；Lab 颜色模式的图像有 Lab、a、b 和明度 4 个通道；位图和索引颜色模式的图像只有一个位图通道和索引通道。

11.6.3　Alpha 通道

微课堂
00 分 18 秒

　　Alpha 通道主要用于选区的存储编辑与调用。Alpha 通道是一个 8 位的灰度通道，该通道用 256 级灰度来记录图像中的透明度信息，定义透明、不透明和半透明区域。其中黑色处于未选中状态，白色处于完全选中状态，灰色则表示部分被选中状态(即羽化区域)。使用白色涂抹 Alpha 通道可以扩大选取范围；使用黑色涂抹则收缩选区；使用灰色涂抹可以增加羽化范围。Alpha 通道有以下 3 个功能。

➤ 存储选区；
➤ 可以将选区存储为灰度图像，这样就能够用画笔、加深、减淡等工具以及各种滤镜，通过编辑 Alpha 通道来修改选区；
➤ 可以从 Alpha 通道中载入选区。

11.6.4 专色通道

专色通道主要用来指定用于专色油墨印刷的附加印版。专色是特殊的预混油墨，如金属金银色油墨、荧光油墨等，它们用于替代或补充普通的印刷色(CMYK)油墨。通常情况下，专色通道都是以专色的名称来命名的。专色通道可以保存专色信息，同时也具有 Alpha 通道的特点。每个专色通道只能存储一种专色信息，而且是以灰度形式来存储的。除了位图模式以外，其余所有的色彩模式图像都可以建立专色通道。

Section 11.7 专题课堂——通道的操作

在 Photoshop CC 中，掌握通道基本原理与基础知识后，用户即可在通道中对图像进行编辑操作。本节将重点介绍通道应用技巧方面的知识。

11.7.1 快速选择通道

在【通道】面板中单击即可选中某一通道，在每个通道后面都有对应的 Ctrl+数字快捷键，如图 11-28 中"红"通道后面有 Ctrl+3 组合键，这表示按下 Ctrl+3 组合键可以单独选择"红"通道。

图 11-28

11.7.2　显示与隐藏通道

微课堂
00 分 14 秒

通道的显示/隐藏与【图层】面板相同，每个通道的左侧都有一个眼睛图标 👁，在通道上单击该图标，可以使该通道隐藏；单击隐藏状态的通道左侧的图标 ⬜，可以恢复该通道的显示，如图 11-29 所示。

图 11-29

☕ **专家解读**

在任何一个颜色通道被隐藏的情况下，复合通道都被隐藏，并且在所有颜色通道显示的情况下，复合通道不能被单独隐藏。

11.7.3　合并与分离通道

微课堂
00 分 48 秒

在 Photoshop CC 中，在图像文件中分离通道，用户可以创建灰度图像，合并通道则可以创建彩色图像，下面介绍分离与合并通道的操作方法。

操作步骤　>>　Step by Step

第1步　在【通道】面板中，**1.** 单击【显示菜单】按钮 ▼≡，**2.** 在弹出的菜单中选择【分离通道】菜单项，如图 11-30 所示。

图 11-30

第2步　通过以上操作方法即可完成分离通道的操作，被分离的通道，生成独立的灰色图像，如图 11-31 所示。

图 11-31

第3步　分离通道后，**1.** 单击【显示菜单】按钮，**2.** 在弹出的菜单中选择【合并通道】菜单项，如图 11-32 所示。

图 11-32

第4步　弹出【合并通道】对话框，**1.** 在【模式】下拉列表框中选择【RGB 颜色】选项，**2.** 单击【确定】按钮，如图 11-33 所示。

图 11-33

第5步　弹出【合并 RGB 通道】对话框，单击【确定】按钮，如图 11-34 所示。

图 11-34

第6步　通过以上操作方法即可完成合并通道的操作，如图 11-35 所示。

图 11-35

11.7.4　用通道调整颜色

微课堂
00 分 58 秒

通道调色是一种高级调色技术，可以对一张图像的单个通道应用各种调色命令，从而达到调整图像中单种色调的目的，下面详细介绍通道调色的方法。

操作步骤　>>　**Step by Step**

第1步　在【通道】面板中选中"红"通道，如图 11-36 所示。

图 11-36

第2步　按 Ctrl+M 组合键打开【曲线】对话框，**1.** 将曲线向上拖动，增加图像中的红色数量，**2.** 单击【确定】按钮，如图 11-37 所示。

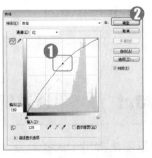

图 11-37

Photoshop CC 中文版图像处理

第3步 在【通道】面板中选中"绿"通道，如图 11-38 所示。

图 11-38

第5步 在【通道】面板中选中"蓝"通道，如图 11-40 所示。

图 11-40

第4步 在【曲线】对话框中，**1.** 将曲线向上拖动，增加绿色数量，**2.** 单击【确定】按钮，如图 11-39 所示。

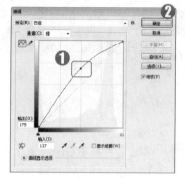

图 11-39

第6步 在【曲线】对话框中，**1.** 将曲线向上拖动，增加蓝色数量，**2.** 单击【确定】按钮即可完成操作，如图 11-41 所示。

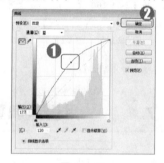

图 11-41

Section 11.8 实践经验与技巧

导读 在本节的学习过程中，将侧重介绍与本章知识点有关的实践经验与技巧，主要内容包括用通道抠图、取消图层蒙版链接和新建 Alpha 通道等方面的知识与操作技巧。

11.8.1 用通道抠图

微课堂 01 分 04 秒

通道抠图法常用于选择毛发、云朵、烟雾以及半透明的婚纱等对象。下面详细介绍用通道抠图的方法。

操作步骤 >> **Step by Step**

第 1 步　在【通道】面板中复制动物颜色与天空颜色差异最大的"蓝"通道，如图 11-42 所示。

图 11-42

第 3 步　按 Ctrl+M 组合键打开【曲线】对话框，**1.** 在横坐标和纵坐标文本框中输入 39 和 241，**2.** 单击【确定】按钮，如图 11-44 所示。

图 11-44

第 5 步　再次打开【曲线】对话框，**1.** 在横坐标和纵坐标文本框中输入 234 和 0，**2.** 单击【确定】按钮，如图 11-46 所示。

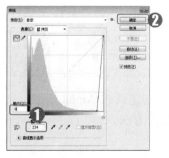

图 11-46

第 2 步　在工具箱中，**1.** 单击【魔棒工具】按钮，**2.** 选出天空选区，如图 11-43 所示。

图 11-43

第 4 步　按下 Shift+Ctrl+I 组合键进行反相选择，如图 11-45 所示。

图 11-45

第 6 步　打开【图层】面板，单击【添加矢量蒙版】按钮为图层添加蒙版，如图 11-47 所示。

图 11-47

Photoshop CC 中文版图像处理

第7步 通过以上步骤即可完成用通道抠图的操作，如图 11-48 所示。

图 11-48

■ **指点迷津**

除了使用 Ctrl+M 组合键打开【曲线】对话框之外，单击【图像】主菜单，在弹出的菜单中选择【调整】菜单项，再在弹出的子菜单中选择【曲线】菜单项，也可以打开【曲线】对话框。

11.8.2 取消图层蒙版链接

微课堂 00分12秒

在 Photoshop CC 中图层与蒙版之间是链接的，创建图层蒙版后，需要单独编辑某一项时，可以将两者的链接取消，下面介绍取消图层蒙版链接的方法。

操作步骤 >> Step by Step

第1步 在【图层】面板中，单击准备取消链接图层的【指示图层蒙版链接到图层】按钮，如图 11-49 所示。

图 11-49

第2步 此时，在【图层】面板中，创建的图层蒙版链接已经被取消，通过以上方法即可完成取消链接蒙版的操作，如图 11-50 所示。

图 11-50

11.8.3 新建 Alpha 通道

微课堂 00分10秒

在 Photoshop CC 中，用户可以在【通道】面板中创建新的 Alpha 通道。创建新的 Alpha 通道的方法非常简单，下面介绍创建 Alpha 通道的方法。

操作步骤 >> Step by Step

第1步 在 Photoshop CC 中打开图像文件，在【通道】面板中单击【创建新通道】按钮 🔲，如图 11-51 所示。

图 11-51

第2步 通过以上方法即可完成创建 Alpha 通道的操作，如图 11-52 所示。

图 11-52

11.8.4　重命名通道

微课堂
00分13秒

重命名通道的方法非常简单，下面详细介绍重命名通道的操作方法。

操作步骤 >> Step by Step

第1步 在【通道】面板中，双击准备重命名的通道名称，在显示的文本框中输入新的名称，如图 11-53 所示。

图 11-53

第2步 按下 Enter 键，通过以上步骤即可完成重命名通道的操作，如图 11-54 所示。

图 11-54

Photoshop CC 中文版图像处理

→ 一点即通

　　复合通道和颜色通道不能重命名。除了双击通道名称之外，还可以右击通道，在弹出的快捷菜单中选择【重命名通道】菜单项，也可以对通道进行重命名的操作。

Section 11.9 有问必答

1. 如何区别图层蒙版与剪贴蒙版？

　　图层蒙版只作用于一个图层，但剪贴蒙版却是对一组图层进行影响；图层蒙版本身不是被作用的对象，而剪贴蒙版本身又是被作用的对象；图层蒙版仅仅是影响作用对象的不透明度，而剪贴蒙版除了影响所有顶层的不透明度外，其自身的混合模式即图层样式都将对顶层产生直接影响。

2. 如何用彩色显示通道？

　　在默认情况下，【通道】面板中所显示的单通道都为灰色，如果要以彩色来显示单色通道，可以单击【编辑】主菜单，在弹出的菜单中选择【首选项】菜单项，再在弹出的子菜单中选择【界面】菜单项，然后选中【用彩色显示通道】复选框即可完成操作。

3. 如何更改通道的缩略图大小？

　　在【通道】面板下面的空白处右击，在弹出的带有【无】、【小】、【中】、【大】菜单项的快捷菜单中选择相应的选项即可完成操作。

4. 如何判断一张图像是否偏色？

　　在图像中使用颜色取样器工具标记现实中应该是黑色、灰色、白色的像素点，借助Photoshop【信息】面板中的 RGB 数值进行判断。在完全不偏色的情况下，每个颜色的 RGB 数值应该相同或者尽可能相近，RGB 数值相差越大，则偏色情况越严重。

5. 如何停用图层蒙版？

　　选择图层蒙版所在的图层，单击【图层】主菜单，在弹出的菜单中选择【图层蒙版】菜单项，再在弹出的子菜单中选择【停用】菜单项即可暂时停用图层蒙版。

第12章

滤　镜

本章要点

- ❖ 滤镜的原理
- ❖ 风格化滤镜
- ❖ 模糊滤镜与锐化滤镜
- ❖ 扭曲滤镜
- ❖ 像素化滤镜
- ❖ 渲染滤镜
- ❖ 专题课堂——智能滤镜

本章主要内容

　　本章主要介绍了滤镜的原理、风格化滤镜、模糊滤镜与锐化滤镜、扭曲滤镜、像素化滤镜、渲染滤镜以及智能滤镜等方面的知识与技巧，在本章的最后还针对实际工作需求，讲解了曝光过度、纤维、减少杂色等滤镜的使用方法。通过本章的学习，读者可以掌握滤镜方面的知识，为深入学习 Photoshop CC 知识奠定基础。

Photoshop CC 中文版图像处理

Section
12.1 滤镜的原理

导读 　　在 Photoshop 中，滤镜的作用是实现图像的各种特殊效果。滤镜通常需要同通道、图层等联合使用，才能取得最佳艺术效果。本节将介绍滤镜的原理和使用方面的知识。

12.1.1　　什么是滤镜

微课堂
00 分 36 秒

　　滤镜本身是一种摄影器材，摄影师将其安装在照相机的镜头前面，用于改变光源的色温，以符合摄影的目的及制作特殊效果的需要。Photoshop 滤镜是一种插件模块，能够操纵图像中的像素，通过改变像素的位置或颜色来生成特效。在 Photoshop 中滤镜的功能非常强大，不仅可以制作一些常见的如素描、印象派绘画等特殊艺术效果，还可以制作出绚丽无比的创意图像。

　　Photoshop 中的滤镜可以分为特殊滤镜、滤镜组和外挂滤镜。Adobe 公司提供的内置滤镜显示在【滤镜】菜单中。第三方开发商开发的滤镜可以作为增效工具使用，在安装外挂滤镜后，这些增效工具滤镜将出现在【滤镜】菜单的底部。

12.1.2　　滤镜的使用规则

微课堂
00 分 41 秒

　　使用滤镜处理某一图层中的图像时，需要选择该图层，并且图层必须是可见的。

　　滤镜以及绘画工具、加深、减淡、涂抹、污点修复画笔等修饰工具智能处理当前选择的一个图层，而不能同时处理多个图层。而移动、缩放和旋转等变换操作，可以对多个选定的图层同时处理。

　　滤镜的处理效果是以像素为单位进行计算的，因此，相同的参数处理不同分辨率的图像，其效果也会有所不同。

　　只有分层云彩滤镜可以应用在没有像素的区域，其他滤镜都必须应用在包含像素的区域，否则不能使用这些滤镜，但外挂滤镜除外。

　　如果创建了选区，滤镜只处理选中的图像；如果未创建选区，则处理当前图层中的全部图像。

12.1.3　　查看滤镜信息

微课堂
00 分 18 秒

　　在 Photoshop CC 中，用户可以随时查看程序已经安装的滤镜信息，下面详细介绍查看滤镜信息的操作方法。

操作步骤　>>　Step by Step

第1步　启动 Photoshop CC 程序，*1.* 单击【帮助】主菜单，*2.* 在弹出的菜单中选择【关于增效工具】菜单项，*3.* 在弹出的子菜单中选择【滤镜库】菜单项，如图 12-1 所示。

第2步　通过以上方法即可完成查看滤镜信息的操作，如图 12-2 所示。

图 12-1

图 12-2

知识拓展

　　Photoshop 中一部分滤镜在使用时会占用大量的内存，如"光照效果""木刻"等，特别是编辑高分辨率的图像时，Photoshop 的处理速度会变得很慢。如果遇到这种情况，可以先在一小部分图像上试验滤镜，找到合适的设置后，再将滤镜应用于整个图像。或者在使用滤镜之前先执行【编辑】→【清理】命令释放内存。

Section 12.2 风格化滤镜

　　风格化滤镜组中包含 9 种滤镜，它们可以置换像素，查找并增加图像的对比度，产生绘画和印象派风格效果。本节将重点介绍风格化滤镜方面的知识。

12.2.1　查找边缘

00 分 23 秒

　　在 Photoshop CC 中，查找边缘滤镜可以自动查找图像中像素对比明显的边缘，将高反差区域变亮，低反差区域变暗，其他区域在高反差区和低反差区之间过渡。下面介

Photoshop CC 中文版图像处理

绍运用查找边缘滤镜的方法。

操作步骤 >> Step by Step

第1步 在 Photoshop CC 中打开图像文件，**1.** 单击【滤镜】主菜单，**2.** 在弹出的菜单中选择【风格化】菜单项，**3.** 在弹出的子菜单中选择【查找边缘】菜单项，如图 12-3 所示。

第2步 通过以上方法即可完成运用查找边缘滤镜的操作，如图 12-4 所示。

图 12-3

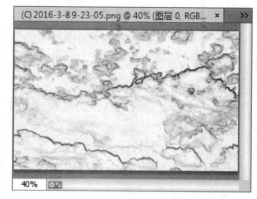

图 12-4

12.2.2 等高线

等高线滤镜的作用是通过查找图像的主要亮度区，为每个颜色通道勾勒主要亮度区域，以便得到与等高线颜色类似的效果。下面介绍运用等高线滤镜的方法。

操作步骤 >> Step by Step

第1步 打开图像文件，**1.** 单击【滤镜】主菜单，**2.** 在弹出的菜单中选择【风格化】菜单项，**3.** 在弹出的子菜单中选择【等高线】菜单项，如图 12-5 所示。

第2步 弹出【等高线】对话框，**1.** 在【色阶】文本框中设置等高线的色阶数，**2.** 单击【确定】按钮，如图 12-6 所示。

图 12-5

图 12-6

第3步 通过以上方法即可完成运用等高线滤镜的操作,如图 12-7 所示。

图 12-7

■ **指点迷津**

在【等高线】对话框中,【色阶】文本框用来设置描绘边缘的基准亮度等级。【边缘】区域用来设置处理图像边缘的位置,以及边界的产生方法,选中【较低】单选按钮时,可以在基准亮度等级以下的轮廓上生成等高线;选中【较高】单选按钮时,则在基准亮度等级以上的轮廓上生成等高线。

12.2.3　风

微课堂
00分19秒

在 Photoshop CC 中,风滤镜是通过在图像中增加细小的水平线以模拟风吹的效果,而且该滤镜仅在水平方向发挥作用,下面介绍使用风滤镜的方法。

操作步骤 >> Step by Step

第1步 打开图像文件,**1.** 单击【滤镜】主菜单,**2.** 在弹出的菜单中选择【风格化】菜单项,**3.** 在弹出的子菜单中选择【风】菜单项,如图 12-8 所示。

图 12-8

第3步 通过以上方法即可完成运用风滤镜的操作,如图 12-10 所示。

图 12-10

第2步 弹出【风】对话框,**1.** 在【方法】区域中选中【风】单选按钮,**2.** 在【方向】区域中选中【从右】单选按钮,**3.** 单击【确定】按钮,如图 12-9 所示。

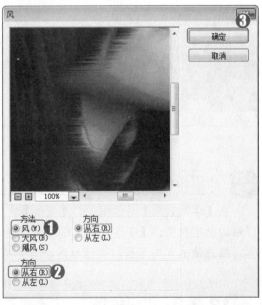

图 12-9

Photoshop CC 中文版图像处理

12.2.4　浮雕效果

浮雕效果滤镜的作用是通过勾画图像或选区轮廓，降低勾画图像或选区周围色值以产生凸起或凹陷的效果，下面介绍使用浮雕效果滤镜的方法。

操作步骤　>>　Step by Step

第 1 步　打开图像文件，**1.** 单击【滤镜】主菜单，**2.** 在弹出的菜单中选择【风格化】菜单项，**3.** 在弹出的子菜单中选择【浮雕效果】菜单项，如图 12-11 所示。

第 2 步　弹出【浮雕效果】对话框，**1.** 在【角度】文本框中输入 135，**2.** 在【高度】文本框中输入 3，**3.** 在【数量】文本框中输入 100，**4.** 单击【确定】按钮，如图 12-12 所示。

图 12-11

第 3 步　通过以上方法即可完成运用浮雕效果滤镜的操作，如图 12-13 所示。

图 12-13

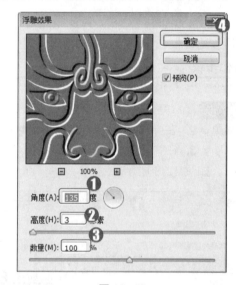

图 12-12

知识拓展

在【浮雕效果】对话框中，【角度】文本框用来设置照射浮雕的光线角度，它会影响浮雕的凸出位置；【高度】文本框用来设置浮雕效果凸起的高度；【数量】文本框用来设置浮雕滤镜的作用范围，该值越高，边界越清晰，小于 40% 时，整个图像会变灰。

12.2.5　扩散

扩散滤镜是通过将图像中相邻像素按规定的方式有机移动，如按正常、变暗优先、变亮优先或各向异性等，使得图像进行扩散，从而形成类似透过磨砂玻璃查看图像的效

果，下面介绍使用扩散滤镜的方法。

操作步骤 >> Step by Step

第1步 打开图像文件，**1.** 单击【滤镜】主菜单，**2.** 在弹出的菜单中选择【风格化】菜单项，**3.** 在弹出的子菜单中选择【扩散】菜单项，如图 12-14 所示。

第2步 弹出【扩散】对话框，**1.** 在【模式】区域中选中【正常】单选按钮，**2.** 单击【确定】按钮，如图 12-15 所示。

图 12-14

第3步 通过以上方法即可完成运用扩散滤镜的操作，如图 12-16 所示。

图 12-16

图 12-15

Section
12.3

模糊滤镜与锐化滤镜

在 Photoshop CC 中，用户使用模糊滤镜可以对图像进行模糊处理；使用锐化滤镜，用户可以对图像进行锐化等特殊处理。本节将重点介绍模糊滤镜与锐化滤镜方面的知识。

12.3.1 表面模糊

微课堂
00 分 27 秒

表面模糊滤镜是通过保留图像边缘时模糊图像，使用该滤镜可以创建特殊的效果，消除图像中的杂色或颗粒。下面介绍使用表面模糊滤镜的方法。

图 12-20

第 3 步　通过以上方法即可完成使用动感模糊滤镜的操作，如图 12-22 所示。

图 12-22

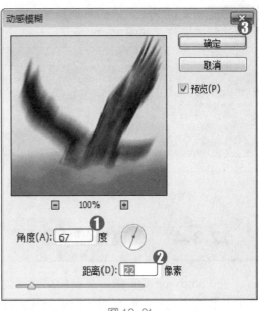

图 12-21

12.3.3　方框模糊

微课堂
00 分 27 秒

方框模糊滤镜的原理是使用图像中相邻像素的平均颜色模糊图像，下面介绍使用方框模糊滤镜的方法。

操作步骤　>>　Step by Step

第 1 步　打开图像文件后，**1.** 单击【滤镜】主菜单，**2.** 在弹出的菜单中选择【模糊】菜单项，**3.** 在弹出的子菜单中选择【方框模糊】菜单项，如图 12-23 所示。

图 12-23

第 2 步　弹出【方框模糊】对话框，**1.** 在【半径】文本框中输入 10，**2.** 单击【确定】按钮，如图 12-24 所示。

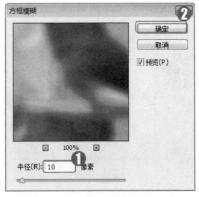

图 12-24

Photoshop CC 中文版图像处理

第3步　通过以上方法即可完成使用方框模糊滤镜的操作，如图 12-25 所示。

图 12-25

■ 指点迷津

在【方框模糊】对话框中，【半径】文本框的作用是调整用于计算指定像素平均值的区域大小。数值越大，产生的模糊效果越好。

12.3.4　高斯模糊

微课堂 00 分 31 秒

在 Photoshop CC 中，高斯模糊滤镜的原理是通过在图像中添加一些细节，使图像产生朦胧的感觉，下面介绍使用高斯模糊滤镜的方法。

操作步骤　>>　**Step by Step**

第1步　打开图像文件，**1.** 单击【滤镜】主菜单，**2.** 在弹出的菜单中选择【模糊】菜单项，**3.** 在弹出的子菜单中选择【高斯模糊】菜单项，如图 12-26 所示。

图 12-26

第3步　通过以上方法即可完成使用高斯模糊滤镜的操作，如图 12-28 所示。

图 12-28

第2步　弹出【高斯模糊】对话框，**1.** 在【半径】文本框中输入图像模糊半径的数值，**2.** 单击【确定】按钮，如图 12-27 所示。

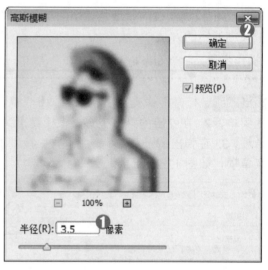

图 12-27

12.3.5 径向模糊

径向模糊滤镜的原理是通过模拟相机的缩放和旋转，从而产生模糊的效果，下面介绍使用径向模糊滤镜的方法。

操作步骤 >> **Step by Step**

第1步 打开图像文件，**1.** 单击【滤镜】主菜单，**2.** 在弹出的菜单中选择【模糊】菜单项，**3.** 在弹出的子菜单中选择【径向模糊】菜单项，如图 12-29 所示。

第2步 弹出【径向模糊】对话框，**1.** 在【数量】文本框中输入 40，**2.** 在【模糊方法】区域中选中【旋转】单选按钮，**3.** 在【品质】区域中选中【最好】单选按钮，**4.** 单击【确定】按钮，如图 12-30 所示。

图 12-29

第3步 通过以上方法即可完成使用径向模糊滤镜的操作，如图 12-31 所示。

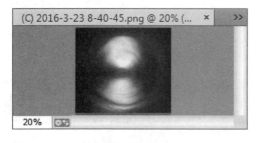

图 12-31

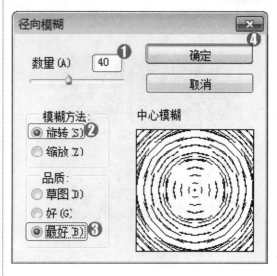

图 12-30

12.3.6 特殊模糊

特殊模糊滤镜的原理是通过对半径、阈值、品质和模式等选项的设置，精确地模糊图像，下面介绍使用特殊模糊滤镜的方法。

Photoshop CC 中文版图像处理

操作步骤 >> Step by Step

第1步 打开图像文件，*1.* 单击【滤镜】主菜单，*2.* 在弹出的菜单中选择【模糊】菜单项，*3.* 在弹出的子菜单中选择【特殊模糊】菜单项，如图 12-32 所示。

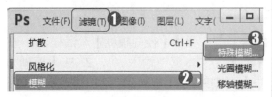

图 12-32

第3步 通过以上方法即可完成使用特殊模糊滤镜的操作，如图 12-34 所示。

图 12-34

第2步 弹出【特殊模糊】对话框，*1.* 在【半径】文本框中输入 7.7，*2.* 在【阈值】文本框中输入 31.4，*3.* 在【品质】下拉列表框中选择【低】选项，*4.* 在【模式】下拉列表框中选择【仅限边缘】选项，*5.* 单击【确定】按钮，如图 12-33 所示。

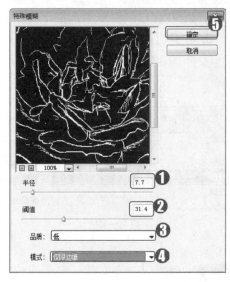

图 12-33

12.3.7　USM 锐化

在 Photoshop CC 中，USM 锐化滤镜可以调整边缘细节的对比度，下面介绍运用 USM 锐化滤镜的方法。

操作步骤 >> Step by Step

第1步 打开图像文件，*1.* 单击【滤镜】主菜单，*2.* 在弹出的菜单中选择【锐化】菜单项，*3.* 在弹出的子菜单中选择【USM 锐化】菜单项，如图 12-35 所示。

第2步 弹出【USM 锐化】对话框，*1.* 在【数量】文本框中输入 88，*2.* 在【半径】文本框中输入 3.3，*3.* 在【阈值】文本框中输入 24，*4.* 单击【确定】按钮，如图 12-36 所示。

图 12-35

第 3 步　通过以上方法即可完成使用 USM 锐化滤镜的操作，如图 12-37 所示。

图 12-37

图 12-36

12.3.8　智能锐化

在 Photoshop CC 中，智能锐化滤镜可以设置锐化的计算方法或控制锐化的区域，如阴影和高光区等，下面介绍使用智能锐化滤镜的方法。

操作步骤　>>　Step by Step

第 1 步　打开图像文件，*1.* 单击【滤镜】主菜单，*2.* 在弹出的菜单中选择【锐化】菜单项，*3.* 在弹出的子菜单中选择【智能锐化】菜单项，如图 12-38 所示。

第 2 步　弹出【智能锐化】对话框，*1.* 在【数量】文本框中输入数值，*2.* 在【半径】文本框中输入数值，*3.* 在【减少杂色】文本框中输入数值，*4.* 在【移去】下拉列表框中选择【镜头模糊】选项，*5.* 单击【确定】按钮，如图 12-39 所示。

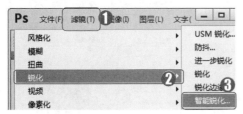

图 12-38

第 3 步　通过以上方法即可完成使用智能锐化滤镜的操作，如图 12-40 所示。

图 12-40

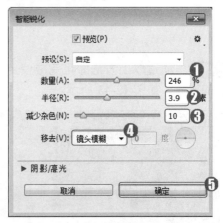

图 12-39

Photoshop CC 中文版图像处理

扭曲滤镜组中包含 12 种滤镜，可以对图像进行几何扭曲、创建 3D 或其他整形效果。在处理图像时，这些滤镜会占用大量内存，如果文件较大，可以先在小尺寸的图像上试验。本节将重点介绍扭曲滤镜方面的知识。

12.4.1 波浪

微课堂
00 分 20 秒

波浪滤镜是通过设置生成器数、波长、波幅和比例等参数，在图像中创建波状起伏的图案，下面介绍使用波浪滤镜的方法。

操作步骤 >> Step by Step

第1步　打开图像文件，**1.** 单击【滤镜】主菜单，**2.** 在弹出的菜单中选择【扭曲】菜单项，**3.** 在弹出的子菜单中选择【波浪】菜单项，如图 12-41 所示。

图 12-41

第3步　通过以上方法即可完成使用波浪滤镜的操作，如图 12-43 所示。

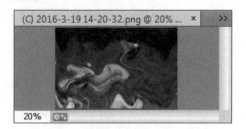

图 12-43

第2步　弹出【波浪】对话框，**1.** 在【生成器数】文本框中输入 5，**2.** 在【波长】区域中的【最小】与【最大】文本框中输入 10 和 120，**3.** 在【波幅】区域中的【最小】与【最大】文本框中输入 5 和 35，**4.** 在【比例】区域中的【水平】和【垂直】文本框中输入 100 和 100，**5.** 单击【确定】按钮，如图 12-42 所示。

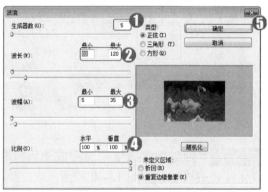

图 12-42

知识拓展

在【波浪】对话框中，【生成器数】文本框用来设置波浪的强度；【波长】区域中的文本框用来设置相邻两个波峰之间的水平距离；【波幅】区域中的文本框用来设置波浪的宽度和高度；【比例】区域中的文本框用来设置波浪在水平方向和垂直方向的波动幅度；【类型】区域可以设置波浪的形态。

12.4.2　波纹

微课堂
00分24秒

波纹滤镜同波浪滤镜功能相同，但波纹滤镜仅可以控制波纹的数量和波纹大小，下面介绍使用波纹滤镜的方法。

操作步骤　>>　Step by Step

第1步　打开图像文件，*1.* 单击【滤镜】主菜单，*2.* 在弹出的菜单中选择【扭曲】菜单项，*3.* 在弹出的子菜单中选择【波纹】菜单项，如图 12-44 所示。

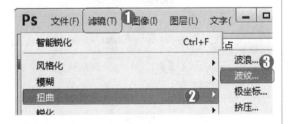

图 12—44

第3步　通过以上方法即可完成使用波纹滤镜的操作，如图 12-46 所示。

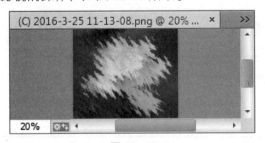

图 12—46

第2步　弹出【波纹】对话框，*1.* 在【数量】文本框中输入 659，*2.* 在【大小】下拉列表框中选择【大】选项，*3.* 单击【确定】按钮，如图 12-45 所示。

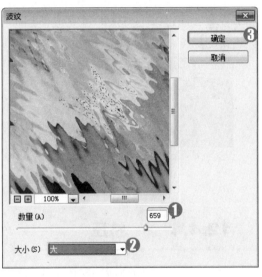

图 12—45

 知识拓展

在【波纹】对话框中，【数量】文本框用来设置产生波纹的数量；【大小】下拉列表框用来设置所产生的波纹的大小。

Photoshop CC 中文版图像处理

12.4.3　极坐标

极坐标滤镜可以使图像像素发生位移。设置极坐标滤镜的方法非常简单，下面介绍运用极坐标滤镜的方法。

操作步骤　>>　Step by Step

第 1 步　打开图像文件，**1.** 单击【滤镜】主菜单，**2.** 在弹出的菜单中选择【扭曲】菜单项，**3.** 在弹出的子菜单中选择【极坐标】菜单项，如图 12-47 所示。

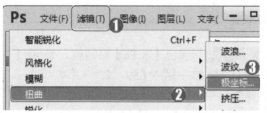

图 12-47

第 2 步　弹出【极坐标】对话框，**1.** 选中【平面坐标到极坐标】单选按钮，**2.** 单击【确定】按钮，如图 12-48 所示。

图 12-48

第 3 步　通过以上方法即可完成使用极坐标滤镜的操作，如图 12-49 所示。

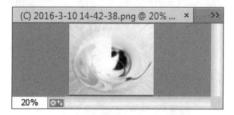

图 12-49

12.4.4　挤压

挤压滤镜是将图像或选区中的内容向外或向内挤压，使图像产生向外凸出或向内凹陷的效果，下面介绍运用挤压滤镜的方法。

操作步骤　>>　Step by Step

第 1 步　打开图像文件，**1.** 单击【滤镜】主菜单，**2.** 在弹出的菜单中选择【扭曲】菜单项，**3.** 在弹出的子菜单中选择【挤压】菜单项，如图 12-50 所示。

第 2 步　弹出【挤压】对话框，**1.** 在【数量】文本框中输入 80，**2.** 单击【确定】按钮，如图 12-51 所示。

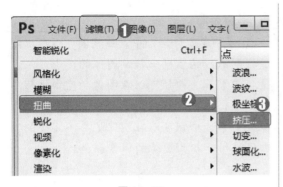

图 12—50

第3步 通过以上方法即可完成使用挤压滤镜的操作，如图 12-52 所示。

图 12—52

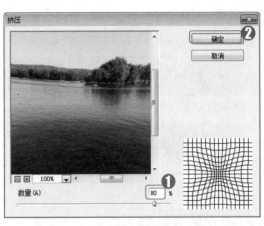

图 12—51

■ 指点迷津

在【挤压】对话框中，【数量】文本框可以控制挤压图像的程度。当数值为负时，图像会向外挤压，当数值为正时，图像会向内挤压。

12.4.5　切变

微课堂
00 分 37 秒

在 Photoshop CC 中，切变滤镜可以按照用户自己的想法设定图像的扭曲程度，下面介绍运用切变滤镜的方法。

操作步骤　>>　**Step by Step**

第1步 打开图像文件，*1.* 单击【滤镜】主菜单，*2.* 在弹出的菜单中选择【扭曲】菜单项，*3.* 在弹出的子菜单中选择【切变】菜单项，如图 12-53 所示。

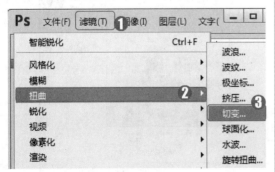

图 12—53

第2步 弹出【切变】对话框，*1.* 选中【重复边缘像素】单选按钮，*2.* 在切变区域中，设置图像切变的折点，*3.* 单击【确定】按钮，如图 12-54 所示。

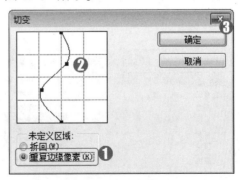

图 12—54

Photoshop CC 中文版图像处理

第 3 步　　通过以上方法即可完成使用切变滤镜的操作，如图 12-55 所示。

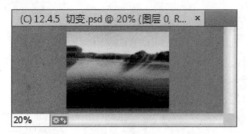

图 12-55

■ 指点迷津

　　在【切变】对话框中，曲线调整框可以通过控制曲线的弧度来控制图像的变形效果；【折回】单选按钮可以在图像的空白区域中填充溢出图像之外的图像内容；【重复边缘像素】单选按钮可以在图像边界不完整的空白区域填充扭曲边缘的像素颜色。

Section

12.5　像素化滤镜

导读　　　像素化滤镜组包含 7 种滤镜，它们可以通过使单元格中颜色值相近的像素结成块来清晰地定义一个选区，可用于创建马赛克彩块、晶格化等特殊效果。本节将介绍像素化滤镜方面的知识。

12.5.1　马赛克

微课堂
00 分 24 秒

　　马赛克滤镜的原理是通过渲染图像形成类似由小的碎片拼贴图像的效果，下面介绍运用马赛克滤镜的方法。

操作步骤 >> **Step by Step**

第 1 步　　打开图像文件，*1.* 单击【滤镜】主菜单，*2.* 在弹出的菜单中选择【像素化】菜单项，*3.* 在弹出的子菜单中选择【马赛克】菜单项，如图 12-56 所示。

第 2 步　　弹出【马赛克】对话框，*1.* 在【单元格大小】文本框中输入 8，*2.* 单击【确定】按钮，如图 12-57 所示。

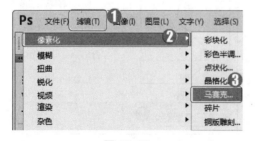

图 12-56

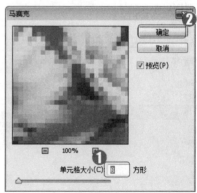

图 12-57

第 3 步　　通过以上方法即可完成使用马赛克拼贴滤镜的操作，如图 12-58 所示。

图 12-58

■ 指点迷津

　　马赛克滤镜可以使像素结为方形块，再给块中的像素应用平均的颜色创建马赛克效果。使用该滤镜时，可通过【单元格大小】文本框调整马赛克的大小。如果在图像中创建一个选区，再应用该滤镜，则可以生成电视中的马赛克画面效果。

12.5.2　彩块化

　　彩块化滤镜是通过使用纯色或颜色相近的像素结成块，使图像看上去类似手绘的效果，下面介绍运用彩块化滤镜的方法。

操作步骤　>>　Step by Step

第 1 步　　打开图像文件，1. 单击【滤镜】主菜单，2. 在弹出的菜单中选择【像素化】菜单项，3. 在弹出的子菜单中选择【彩块化】菜单项，如图 12-59 所示。

图 12-59

第 2 步　　通过以上方法即可完成使用彩块化滤镜的操作，如图 12-60 所示。

图 12-60

12.5.3　彩色半调

　　彩色半调滤镜通过设置通道划分矩形区域，使图像形成网点状效果，高光部分的网

Photoshop CC 中文版图像处理

点较小，阴影部分的网点较大。下面介绍运用彩色半调滤镜的方法。

操作步骤 >> **Step by Step**

第1步 打开图像文件，*1.* 单击【滤镜】主菜单，*2.* 在弹出的菜单中选择【像素化】菜单项，*3.* 在弹出的子菜单中选择【彩色半调】菜单项，如图 12-61 所示。

图 12-61

第3步 通过以上方法即可完成使用彩色半调滤镜的操作，如图 12-63 所示。

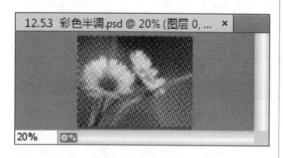

图 12-63

第2步 弹出【彩色半调】对话框，*1.* 在【最大半径】文本框中输入8，*2.* 在【通道1】文本框中输入108，*3.* 在【通道2】文本框中输入162，*4.* 在【通道3】文本框中输入90，*5.* 在【通道4】文本框中输入45，*6.* 单击【确定】按钮，如图 12-62 所示。

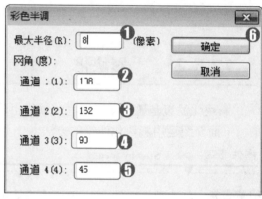

图 12-62

🔘 **知识拓展**

在【彩色半调】对话框中，【最大半径】文本框用来设置生成的最大网点的半径；【网角（度）】区域用来设置图像各个原色通道的网点角度。

12.5.4　晶格化
00分24秒

晶格化滤镜的原理是通过将图像中相近像素集中到多边形色块中，以产生结晶颗粒的效果，下面介绍运用晶格化滤镜的方法。

操作步骤 >> **Step by Step**

第1步 打开图像文件，*1.* 单击【滤镜】主菜单，*2.* 在弹出的菜单中选择【像素化】菜单项，*3.* 在弹出的子菜单中选择【晶格化】菜单项，如图 12-64 所示。

第2步 弹出【晶格化】对话框，*1.* 在【单元格大小】文本框中输入 10，*2.* 单击【确定】按钮，如图 12-65 所示。

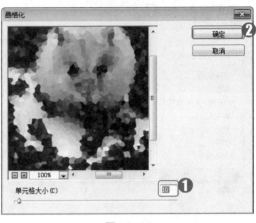

图 12—64

第 3 步 通过以上方法即可完成使用晶格化滤镜的操作，如图 12-66 所示。

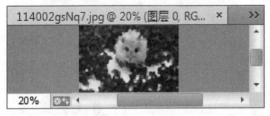

图 12—66

图 12—65

Section 12.6 渲染滤镜

导读

在 Photoshop CC 中，用户使用渲染滤镜可以创建 3D 图形、云彩图案、折射图案和模拟反光效果等。本节将重点介绍渲染滤镜方面的知识。

12.6.1 分层云彩

微课堂 00 分 18 秒

分层云彩滤镜的原理是将云彩数据与像素混合，创建类似大理石纹理的图案，下面介绍运用分层云彩滤镜的方法。

 **知识拓展**

分层云彩滤镜可以将云彩数据和现有的像素混合，其方式与差值模式混合颜色的方式相同。第一次使用滤镜之后，就会创建出与大理石纹理相似的凸缘与叶脉图案。

操作步骤 >> Step by Step

第 1 步 打开图像文件，*1.* 单击【滤镜】主菜单，*2.* 在弹出的菜单中选择【渲染】菜单项，*3.* 在弹出的子菜单中选择【分层云彩】菜单项，如图 12-67 所示。

第 2 步 通过以上方法即可完成使用分层云彩滤镜的操作，如图 12-68 所示。

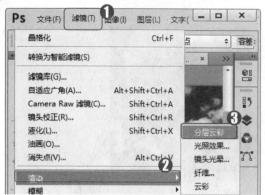

Photoshop CC 中文版图像处理

图 12-67

图 12-68

12.6.2 镜头光晕

微课堂
00 分 22 秒

镜头光晕滤镜的原理是通过模拟亮光照射到相机镜头产生折射的效果，镜头光晕滤镜可以创建玻璃或金属等反射的光芒，下面介绍运用镜头光晕滤镜的方法。

操作步骤 >> **Step by Step**

第1步 打开图像文件，**1.** 单击【滤镜】主菜单，**2.** 在弹出的菜单中选择【渲染】菜单项，**3.** 在弹出的子菜单中选择【镜头光晕】菜单项，如图 12-69 所示。

图 12-69

第3步 通过以上方法即可完成使用镜头光晕滤镜的操作，如图 12-71 所示。

图 12-71

第2步 弹出【镜头光晕】对话框，**1.** 选中【50-300 毫米变焦】单选按钮，**2.** 在【亮度】文本框中输入 100，**3.** 单击【确定】按钮，如图 12-70 所示。

图 12-70

Section 12.7 专题课堂——智能滤镜

应用于智能对象的任何滤镜都是智能滤镜，智能滤镜是一种非破坏性的滤镜。本节将详细介绍有关智能滤镜方面的知识。

12.7.1 智能滤镜与普通滤镜的区别

00分22秒

普通滤镜通过修改像素来呈现特效，智能滤镜也可以呈现相同的效果，但不会真正改变像素，因为它是作为图层效果出现在【图层】面板中的，并且还可以随时修改智能滤镜的作用范围，进行修改参数、隐藏或删除等操作。

专家解读

除"液化""镜头模糊"和"消失点"等少数滤镜外，其他的都可以作为智能滤镜使用，这其中也包括支持智能滤镜的外挂滤镜。

12.7.2 使用智能滤镜制作照片

00分49秒

使用智能滤镜制作照片的方法非常简单，下面详细介绍使用智能滤镜制作照片的操作方法。

操作步骤 >> Step by Step

第 1 步　　打开图像文件，*1.* 单击【滤镜】主菜单，*2.* 在弹出的菜单中选择【转换为智能滤镜】菜单项，如图 12-72 所示。

第 2 步　　弹出提示对话框，单击【确定】按钮，如图 12-73 所示。

图 12-72

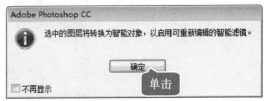

图 12-73

第 3 步　　在菜单栏中，*1.* 单击【滤镜】主菜单，*2.* 在弹出的菜单中选择【锐化】菜单项，*3.* 在弹出的子菜单中选择【USM 锐化】菜单项，如图 12-74 所示。

第 4 步　　弹出【USM 锐化】对话框，*1.* 在【数量】文本框中输入 88，*2.* 在【半径】文本框中输入 3.3，*3.* 在【阈值】文本框中输入 24，*4.* 单击【确定】按钮，如图 12-75 所示。

Photoshop CC中文版图像处理

图 12-74

第5步 通过以上步骤即可完成使用智能滤镜制作照片的操作，如图 12-76 所示。

图 12-76

图 12-75

12.7.3　复制与删除智能滤镜

微课堂

00 分 15 秒

　　在【图层】面板中，按住 Alt 键，将智能滤镜从一个智能对象拖曳到另一个智能对象上释放鼠标，可以复制所有的智能滤镜。

　　如果要删除单个智能滤镜，可以将其拖曳到【图层】面板底部的【删除】按钮上；如果要删除应用于智能对象上的所有智能滤镜，可以右击该智能对象图层，在弹出的快捷菜单中选择【清除智能滤镜】菜单项，如图 12-77 所示。

图 12-77

Section 12.8　实践经验与技巧

　　在本节的学习过程中，将侧重介绍与本章知识点有关的实践经验与技巧，主要内容包括曝光过度、纤维、减少杂色等滤镜的知识与操作技巧。

12.8.1　曝光过度

微课堂
00分20秒

　　曝光过度滤镜可以混合负片和正片图像，模拟出摄影中增加光线强度而产生的过度曝光效果，下面详细介绍使用曝光过度滤镜的方法。

操作步骤　>>　Step by Step

第1步　打开图像文件，**1.** 单击【滤镜】主菜单，**2.** 在弹出的菜单中选择【风格化】菜单项，**3.** 在弹出的子菜单中选择【曝光过度】菜单项，如图 12-78 所示。

第2步　通过上述操作即可完成使用曝光过度滤镜的操作，如图 12-79 所示。

图 12-78

图 12-79

12.8.2　纤维

微课堂
00分22秒

　　纤维滤镜可以使用前景色和背景色随机创建编织纤维的效果，下面详细介绍使用纤维滤镜的操作方法。

Photoshop CC 中文版图像处理

操作步骤 >> **Step by Step**

第1步 打开图像文件，*1.* 单击【滤镜】主菜单，*2.* 在弹出的菜单中选择【渲染】菜单项，*3.* 在弹出的子菜单中选择【纤维】菜单项，如图 12-80 所示。

第2步 弹出【纤维】对话框，*1.* 在【差异】文本框中输入 16，*2.* 在【强度】文本框中输入 4，*3.* 单击【确定】按钮，如图 12-81 所示。

图 12-80

第3步 通过上述操作即可完成使用纤维滤镜的操作，如图 12-82 所示。

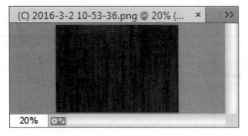

图 12-82

图 12-81

12.8.3 减少杂色

微课堂
00 分 24 秒

使用数码相机拍照时，如果用很高的 ISO 设置、曝光不足或者用较慢的快门速度在黑暗区域中拍照，都可能会导致出现杂色。减少杂色滤镜对于除去此类照片中的杂色非常有效，下面详细介绍使用减少杂色滤镜的方法。

操作步骤 >> **Step by Step**

第1步 打开图像文件，*1.* 单击【滤镜】主菜单，*2.* 在弹出的菜单中选择【杂色】菜单项，*3.* 在弹出的子菜单中选择【减少杂色】菜单项，如图 12-83 所示。

图 12-83

第2步　弹出【减少杂色】对话框，*1.* 在【强度】、【保留细节】、【减少杂色】、【锐化细节】文本框中输入数值，*2.* 单击【确定】按钮，如图 12-84 所示。

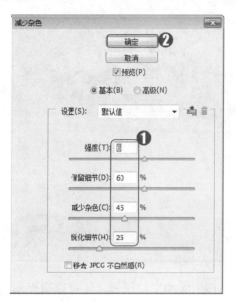

图 12—84

第3步　通过上述操作即可完成使用减少杂色滤镜的操作，如图 12-85 所示。

图 12—85

12.8.4　高反差保留

微课堂

00分24秒

高反差保留滤镜可以在有强烈颜色转变发生的地方按指定的半径保留边缘细节，并且不显示图像的其余部分。该滤镜对于从扫描图像中取出艺术线条和大的黑白区域非常有用。下面详细介绍使用高反差保留滤镜的方法。

操作步骤　>>　**Step by Step**

第1步　打开图像文件，*1.* 单击【滤镜】主菜单，*2.* 在弹出的菜单中选择【其它】菜单项，*3.* 在弹出的子菜单中选择【高反差保留】菜单项，如图 12-86 所示。

图 12—86

Photoshop CC 中文版图像处理

第 2 步　弹出【高反差保留】对话框，**1.** 在【半径】文本框中输入 10.0，**2.** 单击【确定】按钮，如图 12-87 所示。

图 12-87

第 3 步　通过上述操作即可完成使用高反差保留滤镜的操作，如图 12-88 所示。

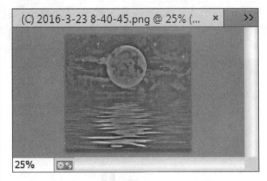

图 12-88

12.8.5　位移

微课堂　00 分 27 秒

位移滤镜可以水平或垂直偏移图像，对于由偏移生成的空缺区域，还可以用不同方式来填充。下面详细介绍位移滤镜的使用方法。

操作步骤　>>　Step by Step

第 1 步　打开图像文件，**1.** 单击【滤镜】主菜单，**2.** 在弹出的菜单中选择【其它】菜单项，**3.** 在弹出的子菜单中选择【位移】菜单项，如图 12-89 所示。

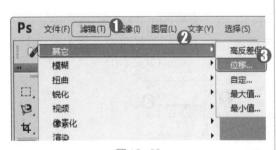

图 12-89

第 2 步　弹出【位移】对话框，**1.** 在【水平】文本框中输入 300，**2.** 选中【重复边缘像素】单选按钮，**3.** 单击【确定】按钮，如图 12-90 所示。

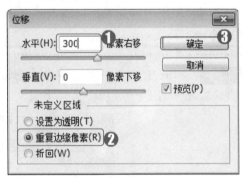

图 12-90

第3步　通过上述操作即可完成使用位移滤镜的操作，如图 12-91 所示。

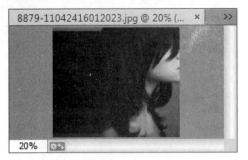

图 12-91

■ **指点迷津**

　　在【位移】对话框中，【水平】文本框用来设置水平偏移的距离，正值向右偏移，负值向左偏移；【垂直】文本框用来设置垂直偏移的距离，正值向下偏移，负值向上偏移。【未定义区域】用来设置偏移图像后产生的空缺部分的填充方式。

Section
12.9　有问必答

1. 如何显示【滤镜】菜单中被隐藏的滤镜？

执行【编辑】→【首选项】→【增效工具】命令，打开【首选项】对话框，选中【显示滤镜库的所有组合名称】复选框即可显示所有滤镜。

2. 如何提高滤镜性能？

在应用某些滤镜时，会占用大量的内存，特别是处理高分辨率的图像时，Photoshop 的处理速度会更慢。因此，在应用滤镜之前先执行【编辑】→【清理】命令，释放出部分内存。

3. 如何解决有些滤镜无法使用的问题？

在通常情况下，这是由于图像模式造成的问题。RGB 模式的图像可以使用全部滤镜，一部分滤镜不能用于 CMYK 图像，索引模式和位图模式的图像不能使用任何滤镜。执行【图像】→【模式】→【RGB 颜色】命令，将图像转换为 RGB 模式即可应用所有滤镜。

4. 如何区别模糊滤镜和进一步模糊滤镜的效果？

模糊滤镜和进一步模糊滤镜都属于轻微模糊滤镜。相对于进一步模糊滤镜，模糊滤镜的模糊效果要低 3～4 倍。

5. 如何理解外挂滤镜？

外挂滤镜就是通常所说的第三方滤镜，是由第三方厂商或个人开发的一类增效工具。外挂滤镜以其种类繁多、效果明显而深受 Photoshop 用户的喜爱。

Web 图形处理

❖ 了解 Web 安全色
❖ 创建与编辑切片
❖ 优化与输出图像
❖ 专题课堂——图形优化

　　本章主要介绍了 Web 安全色、创建与编辑切片、优化与输出图像以及图形优化方面的知识与技巧，在本章的最后还针对实际工作需求，讲解了组合切片与导出切片、转换为用户切片、设置切片选项等方面的内容。通过本章的学习，读者可以掌握 Web 图形处理方面的知识，为深入学习 Photoshop CC 知识奠定基础。

Photoshop CC 中文版图像处理

Section
13.1 了解 Web 安全色

Photoshop 在网页制作中是必不可少的工具，它不仅可以用于制作页面广告、边框、装饰灯，还能够通过 Web 工具进行设计和优化 Web 图形或页面元素，以及制作交互式按钮图形和 Web 照片画廊。

颜色是网页设计的重要内容，然而，我们在计算机屏幕上看到的颜色却不一定都能够在其他系统上的 Web 浏览器中以同样的效果显示。为了使 Web 图形的颜色能够在所有的显示器上看起来一模一样，在制作网页时，就需要使用 Web 安全颜色。Web 安全色是指能够在不同操作系统和不同浏览器中同时正常显示的颜色。

在 Photoshop CC 的【颜色】面板或【拾色器】对话框中调整颜色时，如果出现警告图标 ⬡，可单击该图标，将当前颜色替换为最与其接近的 Web 安全颜色，如图 13-1 和图 13-2 所示。

图 13-1

图 13-2

在【拾色器】对话框中选中【只有 Web 颜色】复选框，可以始终在 Web 安全色下工作，如图 13-3 所示。

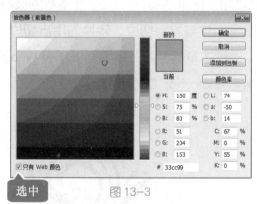
图 13-3

Section 13.2 创建与编辑切片

在制作网页时，通常要对页面进行分割，即制作切片。通过优化切片可以对分割的图像进行不同程度的压缩，以便减少图像的下载时间。本节将详细介绍创建与编辑切片方面的知识。

13.2.1 什么是切片

在 Photoshop 中存在两种切片，分别是"用户切片"和"基于图层的切片"。"用户切片"是使用切片工具创建的切片；而"基于图层的切片"是通过图层创建的切片。"用户切片"和"基于图层的切片"由实线定义，而自动切片则由虚线定义。创建新的切片时会生成附加的自动切片来占据图像的区域，自动切片可以填充图像中"用户切片"或"基于图层的切片"未定义的空间。每一次添加或编辑切片时，都会重新生成自动切片。

13.2.2 使用切片工具创建切片

用户可以使用切片工具创建切片，使用切片工具创建切片的方法非常简单。下面详细介绍使用切片工具创建切片的方法。

操作步骤 >> **Step by Step**

第1步 打开图像文件，**1.** 在工具箱中单击【切片工具】按钮，**2.** 单击并拖动鼠标创建一个矩形选框，如图 13-4 所示。

第2步 释放鼠标，通过以上步骤即可完成使用切片工具创建切片的操作，如图 13-5 所示。

图 13-4

图 13-5

Photoshop CC 中文版图像处理

图 13-6 所示为切片工具的选项栏。在【样式】下拉列表中可以选择切片的创建方法，包括【正常】、【固定长宽比】和【固定大小】3 个选项。

图 13-6

➢ 【正常】选项：可通过拖动鼠标自由定义切片的大小。

➢ 【固定长宽比】选项：输入切片的高宽比并按下 Enter 键，可以创建具有固定长宽比的切片。

➢ 【固定大小】选项：输入切片的高度和宽度值，然后在画面上单击，可创建指定大小的切片。

13.2.3 基于参考线创建切片

微课堂
00 分 26 秒

用户还可以基于参考线创建切片，基于参考线创建切片的方法非常简单。下面详细介绍基于参考线创建切片的方法。

操作步骤 >> Step by Step

第 1 步 在 Photoshop CC 中打开图像文件，按下 Ctrl+R 组合键显示出标尺，分别从水平标尺和垂直标尺上拖曳出参考线，如图 13-7 所示。

图 13-7

第 3 步 通过上述操作即可完成基于参考线创建切片的操作，如图 13-9 所示。

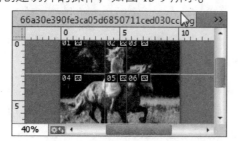

图 13-9

第 2 步 在工具箱中，**1.** 单击【切片工具】按钮，**2.** 在工具选项栏中单击【基于参考线的切片】按钮，如图 13-8 所示。

图 13-8

微课堂
00 分 18 秒

13.2.4　基于图层创建切片

用户还可以基于图层创建切片，基于图层创建切片的方法非常简单。下面详细介绍基于图层创建切片的方法。

操作步骤　>>　Step by Step

第1步　在 Photoshop CC 中打开图像文件，在【图层】面板中选中"图层 1"，如图 13-10 所示。

图 13-10

第3步　通过上述操作即可完成基于图层创建切片的操作，如图 13-12 所示。

图 13-12

第2步　在菜单栏中，**1.** 单击【图层】主菜单，**2.** 在弹出的菜单中选择【新建基于图层的切片】菜单项，如图 13-11 所示。

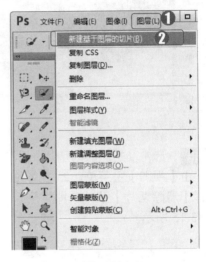

图 13-11

微课堂
00 分 31 秒

13.2.5　选择、移动与删除切片

创建完切片后，用户可以对切片进行选择、移动和删除等操作，下面详细介绍选择、移动与删除切片的方法。

🔘 知识拓展

创建切片后，为防止切片被意外修改，可以单击【视图】主菜单，在弹出的菜单中选择【锁定切片】菜单项，来锁定切片。再次执行该命令即可取消锁定。

Photoshop CC 中文版图像处理

第1步 在图像中创建切片，**1.** 单击工具箱中的【切片选择工具】按钮 ，**2.** 在图片中选择一个切片，如图 13-13 所示。

第2步 如果要移动切片，拖曳选中的切片到指定位置即可，如图 13-14 所示。

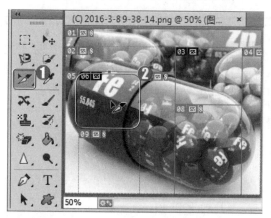

图 13-13

图 13-14

第3步 选中准备删除的切片，**1.** 在菜单栏中单击【视图】主菜单，**2.** 在弹出的菜单中选择【清除切片】菜单项即可删除切片，如图 13-15 所示。

第4步 这样即可完成删除切片的操作，如图 13-16 所示。

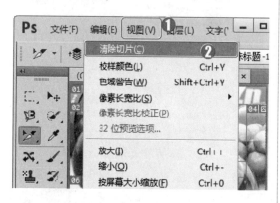

图 13-15

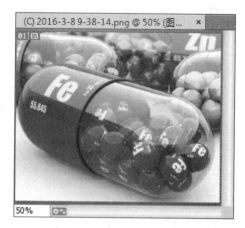

图 13-16

13.2.6　划分切片

微课堂
00分17秒

单击工具箱中的【切片选择工具】按钮 ，在该工具的选项栏中单击【划分】按钮，可以在打开的【划分切片】对话框中设置切片的划分方式，如图 13-17 和图 13-18 所示。

在【划分切片】对话框中，各选项的功能如下。

➢ 【水平划分为】复选框：选中该复选框后，可在水平方向上划分切片。其包含两

种划分方式,选中【个纵向切片,均匀分隔】单选按钮,可输入切片的划分数目;
选中【像素/切片】单选按钮,可输入一个数值,基于指定数目的像素创建切片,
如果按该像素数目无法平均地划分切片,则会将剩余部分划分为另一个切片。

图 13-17

图 13-18

> 【垂直划分为】复选框:选中该复选框后,可在垂直方向上划分切片。其也包含
> 两种划分方式,与【水平划分为】复选框相同。

> 【预览】复选框:在画面中预览切片划分的结果。

Section 13.3 优化与输出图像

导读

创建切片后,需要对图像进行优化,以减小文件的大小。在
Web 上发布图像时,较小的文件可以使 Web 服务器更加高效地存储
和传输图像,用户则能够更快地下载图像。本节将介绍优化与输出
图像方面的知识。

13.3.1 优化图像

微课堂
00分16秒

单击 Photoshop CC 菜单栏中的【文件】主菜单,在弹出的菜单中选择【存储为 Web
所用格式】菜单项,在弹出的【存储为 Web 所用格式】对话框中可以对图像进行优化和输
出,如图 13-19 所示。

> 显示选项区域:单击【原稿】标签,可在窗口中显示没有优化的图像;单击【优
> 化】标签,可在窗口中显示应用了当前优化设置的图像;单击【双联】标签,可
> 并排显示图像的两个版本,即优化前和优化后的图像;单击【四联】标签,可并
> 排显示图像的 4 个版本,通过对比可以找出最佳的优化方案。

Photoshop CC 中文版图像处理

图 13-19

> 【抓手工具】按钮🖐：使用该工具可以移动查看图像。
> 【缩放工具】按钮🔍：使用该工具单击可以放大图像的显示比例，按住 Alt 键单击则缩小显示比例。
> 【切片选择工具】按钮：当图像包含多个切片时，可使用该工具选择窗口中的切片，以便对其进行优化。
> 【吸管工具】按钮🖋：使用吸管工具在图像中单击，可以拾取单击点的颜色，并显示在吸管颜色图标中。
> 【切换切片可视性】按钮🔲：单击该按钮可以显示或者隐藏切片的定界框。
> 【优化弹出菜单】按钮▾☰：包含【存储设置】、【链接切片】和【编辑输出设置】等选项。
> 【颜色表弹出菜单】按钮▾☰：包含与颜色表有关的选项，可新建颜色、删除颜色以及对颜色进行排序等。
> 【转换为 sRGB】复选框：如果使用 sRGB 以外的嵌入颜色配置文件来优化图像，应选中该复选框，将图像的颜色转换为 sRGB，然后再存储图像以便在 Web 上使用。这样可以确保在优化图像中看到的颜色与其他 Web 浏览器中的颜色看起来相同。
> 【预览】下拉列表框：可以预览图像以不同的灰度系数值显示在系统中的效果，并对图像做出灰度系数调整以进行补偿。计算机显示器的灰度系数值会影响图像在 Web 浏览器中显示的明暗程度。
> 【元数据】下拉列表框：可以选择与优化的文件一起存储的元数据。

- ➢ 颜色表：将图像优化为 GIF、PNG-8 和 WBMP 格式时，可在颜色表中对图像颜色进行优化设置。
- ➢ 【图像大小】区域：可以调整图像的宽度(W)和高度(H)，也可以通过百分比值进行优化设置。
- ➢ 状态栏：显示光标所在位置图像的颜色值等信息。
- ➢ 【在浏览器中预览优化的图像】按钮 ：单击该按钮可在系统上默认的 Web 浏览器中预览优化后的图像。预览窗口中会显示图像的题注，其中列出了图像的文件类型、像素尺寸、文件大小、压缩规格和其他 HTML 信息。如果要使用其他浏览器，可在此菜单中选择【其他】菜单项。

13.3.2　输出 Web 图像

微课堂
00 分 32 秒

优化 Web 图像后，还可以编辑输出设置，单击【存储为 Web 所用格式】对话框右上角的【优化菜单】按钮，在弹出的下拉菜单中选择【编辑输出设置】菜单项即可弹出【输出设置】对话框。在【输出设置】对话框中可以控制如何设置 HTML 文件的格式、如何命名文件和切片，以及在存储优化图像时如何处理背景图像等，如图 13-20 和图 13-21 所示。

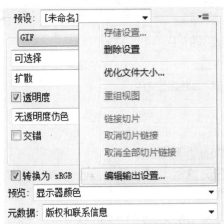

图 13-20

图 13-21

直接在对话框中单击【确定】按钮即可使用默认的输出设置，也可以选择其他预设进行输出。

Section 13.4　专题课堂——图形优化

导读

在本节的学习过程中，将侧重介绍与本章知识点有关的实践经验与技巧，主要内容包括优化为 GIF 和 PNG-8 格式、优化为 JPEG 格式以及优化为 PNG-24 格式等方面的知识与操作技巧。

13.4.1 优化为 GIF 和 PNG-8 格式

GIF 适用于压缩具有单调颜色和清晰细节的图像的标准格式，它是一种无损的压缩格式。PNG-8 格式与 GIF 格式一样，也可以有效地压缩纯色区域，同时保留清晰的细节。这两种格式都支持 8 位颜色，因此可以显示 256 种颜色。在【存储为 Web 所用格式】对话框的【文件格式】下拉列表框中可以选择这两种格式，如图 13-22 和图 13-23 所示。

➢ 【减低颜色深度算法】下拉列表框/【颜色】下拉列表框：指定用于生成颜色查找表的方法，以及想要在颜色查找表中使用的颜色数量。

➢ 【仿色算法】下拉列表框/【仿色】下拉列表框：仿色是指通过模拟计算机的颜色来显示系统中未提供的颜色的方法。较高的仿色百分比会使图像中出现更多的颜色和细节，但也会增加文件占用的存储空间。

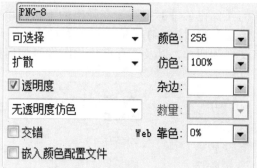

图 13-22   图 13-23

➢ 【透明度】复选框：确定如何优化图像中的透明像素。

➢ 【交错】复选框：当图像正在下载时，在浏览器中显示图像的低分辨率版本，使用户感觉下载时间更短，但这会增加文件的大小。

➢ 【Web 靠色】下拉列表框：指定将颜色转换为最接近的 Web 面板等效颜色的容差级别。该值越高，转换的颜色越多。

➢ 【损耗】下拉列表框：通过有选择地扔掉数据来减小文件大小，可以将文件减小 5%～40%。在通常情况下，应用 5～10 的损耗值不会对图像产生太大影响，数值较高时，文件虽然会更小，但图像的品质就会变差。

13.4.2 优化为 JPEG 格式

JPEG 是用于压缩连续色调图像的标准格式。将图像优化为 JPEG 格式时采用的是有损压缩，它会有选择性地扔掉数据以减小文件大小，如图 13-24 所示。

➢ 【压缩品质】下拉列表框/【品质】下拉列表框：用来设置压缩程度，品质设置得越高，图像的细节越多，但生成的文件也越大。

➢ 【连续】复选框：在 Web 浏览器中以渐进方式显示图像。

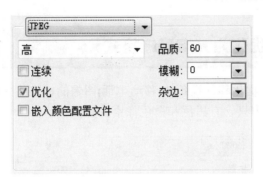

图 13-24

> ➤ 【优化】复选框：创建文件大小稍小的增强 JPEG。如果要最大限度地压缩文件，建议使用优化的 JPEG 格式。
> ➤ 【嵌入颜色配置文件】复选框：在优化文件中保存颜色配置文件。某些浏览器会使用颜色配置文件进行颜色的校正。
> ➤ 【模糊】下拉列表框：指定应用于图像的模糊量。可创建与高斯模糊滤镜相同的效果，并允许进一步压缩文件以获得更小的文件。建议使用 0.1～0.5 之间的设置。
> ➤ 【杂边】下拉列表框：为原始图像中透明的像素指定一个填充颜色。

13.4.3　优化为 PNG-24 格式

微课堂
00 分 15 秒

PNG-24 适合于压缩连续色调图像，其优点是可在图像中保留多达 256 个透明度级别，但生成的文件要比 JPEG 格式生成的文件大得多。如图 13-25 所示为 PNG-24 优化选项。

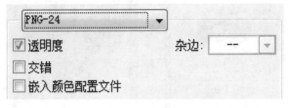

图 13-25

Section 13.5　实践经验与技巧

在本节的学习过程中，将侧重介绍与本章知识点有关的实践经验与技巧，主要内容包括优化为 WBMP 格式、组合切片与导出切片以及转换为用户切片等方面的知识与操作技巧。

Photoshop CC 中文版图像处理

13.5.1　优化为 WBMP 格式

WBMP 格式是用于优化移动设备(如移动电话)图像的标准格式，如图 13-26 所示。使用该格式优化后，图像中只含有黑色和白色像素。

图 13-26

13.5.2　组合切片与导出切片

使用切片选择工具选择两个或更多的切片，右击，在弹出的快捷菜单中选择【组合切片】菜单项，可以将所选切片组合为一个切片，如图 13-27 和图 13-28 所示。

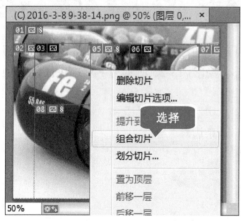

图 13-27

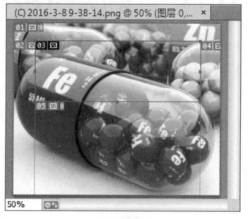

图 13-28

➡ 一点即通

组合切片时，如果组合切片不相邻，或比例、对齐方式不同，则新组合的切片可能会与其他切片重叠。组合切片将采用选定的切片系列中的第 1 个切片的优化设置，并且始终为用户切片，而与原始切片是否包含自动切片无关。

13.5.3　转换为用户切片

使用切片选择工具选择要转换的切片，单击工具选项栏中的【提升】按钮，即可将其

转换为用户切片，如图 13-29 和图 13-30 所示。

图 13-29　　　　　　　　　　　　图 13-30

13.5.4　设置切片选项

微课堂
00 分 14 秒

　　切片选项主要包括对切片名称、尺寸、URL、目标等属性的设置。在使用切片工具状态下，双击某一切片或选择某一切片并在选项栏中单击【为当前切片设置选项】按钮，可以打开【切片选项】对话框，如图 13-31 所示。

图 13-31

> 【切片类型】下拉列表框：设置切片输出的类型，即在与 HTML 文件一起导出时，切片数据在 Web 中的显示方式。选择【图像】选项时，切片包含图像数据；选择【无图像】选项时，可以在切片中输入 HTML 文本，但无法导出图像，也无法在 Web 中浏览；选择【表】选项时，切片导出时将作为嵌套表写入到 HTML 文件中。

Photoshop CC中文版图像处理

> ➢ 【名称】文本框：用来设置切片的名称。
> ➢ URL 文本框：设置切片链接的 Web 地址，在浏览器中单击切片图像时，即可链接到这里设置的网址和目标框架。
> ➢ 【目标】文本框：设置目标框架的名称。
> ➢ 【信息文本】文本框：设置哪些信息出现在浏览器中。
> ➢ 【Alt 标记】文本框：设置选定切片的 Alt 标记。Alt 文本在图像下载过程中取代图像，并在某些浏览器中作为工具提示出现。
> ➢ 【尺寸】区域：X、Y 选项用于设置切片的位置，W、H 选项设置切片的大小。
> ➢ 【切片背景类型】下拉列表框：选择一种背景色来填充透明区域或整个区域。

Section 13.6 有问必答

1. 如何显示隐藏的切片？

如果切片处于隐藏状态，单击【视图】主菜单，在弹出的菜单中选择【显示】菜单项，再在弹出的子菜单中选择【切片】菜单项即可显示切片。

2. 如何使用切片工具画出正方形切片？

使用切片工具创建切片时，按住 Shift 键可以创建正方形切片；按住 Shift+Alt 组合键，可以从中心向外创建正方形切片。

3. 如何导出切片？

单击【文件】主菜单，在弹出的菜单中选择【存储为 Web 和设备所用格式】菜单项，再在弹出的对话框中设置参数并单击【确定】按钮即可导出切片。

4. 如何在水平、垂直或 45° 角方向上移动切片？

单击【切片选择工具】按钮，在移动切片时按住 Shift 键即可在水平、垂直或 45° 角方向上移动切片。

5. 如何理解删除了用户切片或基于图层的切片后，生成的自动切片？

删除了用户切片或基于图层的切片后，将会重新生成自动切片以填充文档区域。删除基于图层的切片并不会删除相关图层，但是删除与基于图层的切片相关的图层会删除该基于图层的切片。

第**14**章

动作与任务自动化

❖ 动作的基本原理
❖ 创建与设置动作
❖ 编辑与管理动作
❖ 专题课堂——批处理

本章要点

本章主要内容

　　本章主要介绍了动作的基本原理、创建与设置动作、编辑与管理动作以及批处理方面的知识与技巧，在本章的最后还针对实际工作需求，讲解了条件模式更改、重新排列动作顺序和复位动作的方法。通过本章的学习，读者可以掌握动作与任务自动化方面的知识，为深入学习 Photoshop CC 知识奠定基础。

在 Photoshop CC 中，动作用来记录 Photoshop 的操作步骤，从而便于再次回放以提高工作效率和标准化操作流程。本节将介绍动作基本原理方面的知识。

14.1.1 【动作】面板

在 Photoshop CC 中，【动作】面板用于执行对动作的编辑操作，如创建和修改动作等，在【窗口】主菜单中，单击【动作】菜单项即可显示【动作】面板，如图 14-1 所示。

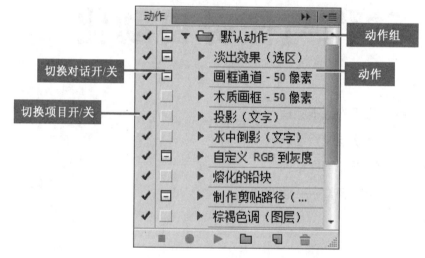

图 14-1

➤ 动作组/动作/已记录的命令：动作组是一系列动作的集合，动作是一系列操作命令的集合，单击向下箭头按钮，可以展开命令列表，显示命令的具体参数。

➤ 切换项目开/关：如果目前的动作组、动作和已记录的命令中显示 ✔ 标志，表示这个动作组、动作或已记录的命令可以执行；如果无该标志，则动作组和已记录的命令不能执行。

➤ 切换对话开/关：如果该命令前有 □ 标志，表示动作执行到该命令时暂停，并打开相应命令的对话框，可以修改相应命令的参数，单击【确定】按钮可以继续执行后面的动作，如果动作组和动作前出现该标志，并显示为红色，则表示该动作中有部分命令设置了暂停。

➤ 【停止播放/记录】按钮■：用来停止播放动作和停止记录动作。

> 【开始记录】按钮●：单击该按钮可以进行录制动作的操作。
> 【播放选定的动作】按钮▶：选择一个动作后，单击该按钮可播放该动作。
> 【创建新组】按钮📁：单击该按钮，将创建一个新的动作组。
> 【创建新动作】按钮🗔：单击该按钮，可以创建一个新动作。
> 【删除动作】按钮🗑：单击该按钮将删除动作组、动作或已记录命令。

14.1.2　动作的基本功能

在 Photoshop CC 中，动作是指在单个文件或一批文件上执行的一系列任务，如菜单命令、面板选项、工具动作等。例如，可以创建这样一个动作，首先更改图像大小，对图像应用效果，然后按照所需格式存储文件。

动作可以包含相应的步骤，同时可以执行无法记录的任务(如使用绘画工具等)。动作也可以包含模态控制，使用户可以在播放动作时在对话框中输入值。可以记录、编辑、自定和批处理动作，也可以使用动作组来管理各组动作。

Section 14.2　创建与设置动作

在 Photoshop CC 中，用户可以对当前动作进行编辑，这样可以根据用户自定义设置进行文件处理的操作。本节将重点介绍动作应用技巧方面的知识。

14.2.1　录制与应用动作

在 Photoshop CC 中处理图像时，如果经常使用动作，用户可以将该动作进行录制，这样可以方便日后重复使用，下面介绍录制新动作的方法。

操作步骤　>>　Step by Step

第1步　在【动作】面板中，单击【创建新动作】按钮🗔，如图 14-2 所示。

图 14-2

第2步　弹出【新建动作】对话框，**1.** 在【名称】文本框中输入名称，**2.** 单击【记录】按钮，如图 14-3 所示。

图 14-3

Photoshop CC 中文版图像处理

第 3 步　进入记录状态后，*1.* 单击【图像】主菜单，*2.* 在弹出的菜单中选择【自动颜色】菜单项，如图 14-4 所示。

第 4 步　完成图像的编辑操作，在【动作】面板中单击【停止播放/记录】按钮■，通过以上方法即可完成录制新动作的操作，如图 14-5 所示。

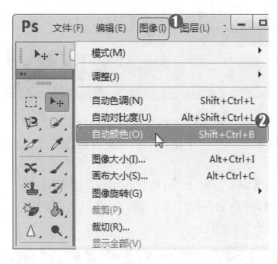

图 14-4

图 14-5

14.2.2　在动作中插入项目

微课堂
00 分 30 秒

记录完成的动作也可以进行调整，下面详细介绍在动作中插入项目的方法。

操作步骤　>>　**Step by Step**

第 1 步　在【动作】面板中，*1.* 选中准备插入项目的命令，*2.* 单击【面板菜单】按钮，*3.* 在弹出的菜单中选择【插入菜单项目】菜单项，如图 14-6 所示。

第 2 步　打开【插入菜单项目】对话框，如图 14-7 所示。

图 14-6

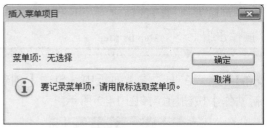

图 14-7

第 3 步　在菜单栏中，*1.* 单击【图像】主菜单，*2.* 在弹出的菜单中选择【调整】菜单项，*3.* 在弹出的子菜单中选择【曝光度】菜单项，如图 14-8 所示。

第 4 步　在【插入菜单项目】对话框中单击【确定】按钮，如图 14-9 所示。

图 14-8

图 14-9

第5步 通过以上步骤即可完成添加项目菜单的操作，如图 14-10 所示。

图 14-10

■ **指点迷津**

在 Photoshop 中，使用选框、移动、多边形、套索、魔棒、裁剪、切片、魔术橡皮擦、渐变、油漆桶、文字、形状、注释、吸管和颜色取样器等工具进行的操作均可录制为动作。

另外，在【色板】、【颜色】、【图层】、【样式】、【路径】、【通道】、【历史记录】和【动作】面板中进行的操作也可以录制为动作。对于有些不能被记录的操作，可以插入菜单项目或者停止命令。

14.2.3　播放动作

微课堂 00 分 14 秒

在 Photoshop CC 中创建完动作后，用户可以运用该动作对其他图像进行设置，下面介绍播放录制的动作的操作方法。

操作步骤 >> Step by Step

第1步 在【动作】面板中，*1.* 选中需要播放的动作，*2.* 单击【播放选定的动作】按钮▶，如图 14-11 所示。

图 14-11

第2步 弹出【信息】对话框，单击【继续】按钮即可完成播放动作的操作，如图 14-12 所示。

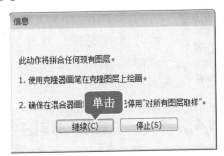

图 14-12

14.2.4　指定回放速度

微课堂 00 分 21 秒

在 Photoshop CC 中录制动作后，用户可以调整动作的回放速度，或者对其进行暂

Photoshop CC 中文版图像处理

停操作，这样便于对动作进行调整，下面介绍设置回放速度的方法。

操作步骤 >> **Step by Step**

第1步 在【动作】面板中，**1.** 单击【面板菜单】按钮，**2.** 在弹出的菜单中选择【回放选项】菜单项，如图 14-13 所示。

图 14-13

第2步 弹出【回放选项】对话框，**1.** 选中【加速】单选按钮，**2.** 单击【确定】按钮，通过以上方法即可完成设置回放速度的操作，如图 14-14 所示。

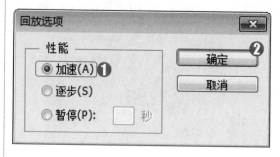

图 14-14

知识拓展

在 Photoshop CC 中，长而复杂的动作有时不能正确播放，但是难以断定问题发生在何处。【回放选项】对话框提供了加速、逐步和暂停三种播放动作的速度，使用户可以看到每一条命令的执行情况。

Section 14.3 编辑与管理动作

导读 在 Photoshop CC 中录制动作后，用户可以对【动作】面板中的动作进行整理，这样可以使其更具条理性，方便用户操作。本节将介绍编辑与管理动作方面的知识。

14.3.1 更改动作的名称

微课堂 00 分 24 秒

在 Photoshop CC 中，用户可以对创建的动作进行更改动作名称的操作。更改动作名称的操作非常简单，下面介绍更改动作名称的方法。

操作步骤　>>　Step by Step

━━━━━━━━━━━━━━━━━━━━━━━━━━━━━━━━━━━━

第1步　在【动作】面板中，选中需要更改名称的动作，*1.* 单击【面板菜单】按钮，*2.* 在弹出的菜单中选择【动作选项】菜单项，如图 14-15 所示。

图 14-15

第2步　弹出【动作选项】对话框，*1.* 在【名称】文本框中输入准备更改的动作名称，*2.* 单击【确定】按钮，如图 14-16 所示。

图 14-16

第3步　通过以上方法即可完成更改动作名称的操作，如图 14-17 所示。

图 14-17

14.3.2　复制动作

微课堂
00 分 13 秒

在 Photoshop CC 中，用户可以对创建的动作命令进行复制，下面介绍复制动作的方法。

操作步骤　>>　Step by Step

━━━━━━━━━━━━━━━━━━━━━━━━━━━━━━━━━━━━

第1步　在【动作】面板中，*1.* 选中需要复制的动作，*2.* 单击【面板菜单】按钮，*3.* 在弹出的菜单中选择【复制】菜单项，如图 14-18 所示。

图 14-18

第2步　通过以上方法即可完成复制动作的操作，如图 14-19 所示。

图 14-19

Photoshop CC 中文版图像处理

14.3.3　删除动作

00 分 18 秒

在 Photoshop CC 中，用户可以对不再准备使用的动作进行删除，下面介绍删除动作的方法。

操作步骤　>>　Step by Step

第 1 步　在【动作】面板中，*1.* 选中需要删除的动作，*2.* 单击【面板菜单】按钮，*3.* 在弹出的菜单中选择【删除】菜单项，如图 14-20 所示。

图 14-20

第 2 步　通过以上方法即可完成删除动作的操作，如图 14-21 所示。

图 14-21

14.3.4　插入停止命令

00 分 36 秒

在 Photoshop CC 中使用某一动作时，用户可以在该动作中插入停止命令，让动作播放到某一步时自动停止，下面介绍运用插入停止命令的方法。

操作步骤　>>　Step by Step

第 1 步　在【动作】面板中，*1.* 选择准备插入停止命令的选项，*2.* 单击【面板菜单】按钮，*3.* 在弹出的菜单中选择【插入停止】菜单项，如图 14-22 所示。

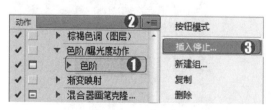

图 14-22

第 2 步　弹出【记录停止】对话框，*1.* 在【信息】列表框中输入信息文字，*2.* 单击【确定】按钮，如图 14-23 所示。

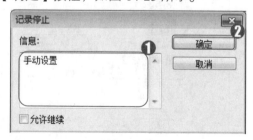

图 14-23

第3步 通过以上方法即可完成插入停止命令的应用操作，**1.** 选中刚刚创建的插入停止动作，**2.** 单击【播放选定的动作】按钮▶，如图 14-24 所示。

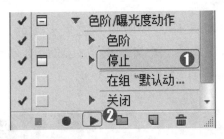

图 14-24

第4步 系统弹出【信息】对话框，提示用户输入的信息，单击【停止】按钮即可停止播放动作，如图 14-25 所示。

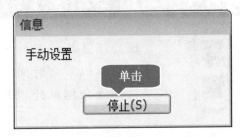

图 14-25

🎯 知识拓展

并不是所有的操作都能够被记录下来，这时就需要使用【插入停止】命令。插入停止是指让动作播放到某一个步骤时自动停止，并弹出提示对话框，这样就可以手动执行无法记录为动作的操作，如使用画笔绘制或者使用加深减淡、锐化模糊等工具。

14.3.5 插入路径

微课堂
00分14秒

由于在自动记录时，路径形状是不能够被记录的，使用【插入路径】命令可以将路径作为动作的一部分包含在动作中。下面详细介绍插入路径的操作方法。

操作步骤 >> Step by Step

第1步 在图像中创建路径，**1.** 在【动作】面板中选中一个命令，**2.** 单击【面板菜单】按钮，**3.** 在弹出的菜单中选择【插入路径】菜单项，如图 14-26 所示。

图 14-26

第2步 通过以上步骤即可完成插入路径的操作，如图 14-27 所示。

图 14-27

Photoshop CC中文版图像处理

专题课堂——批处理

批处理是指将动作应用于目标文件，帮助用户完成大量的、重复性的操作以节省时间，提高工作效率，并实现图像处理的自动化。本节将详细介绍批处理与图像编辑自动化方面的知识。

14.4.1　批处理图像文件

微课堂
00分37秒

在进行批处理之前，首先应将需要批处理的文件保存在一个文件夹中。下面详细介绍批处理图像文件的方法。

操作步骤　>>　**Step by Step**

第1步　在 Photoshop CC 菜单栏中，*1.* 单击【文件】主菜单，*2.* 在弹出的菜单中选择【自动】菜单项，*3.* 在弹出的子菜单中选择【批处理】菜单项，如图 14-28 所示。

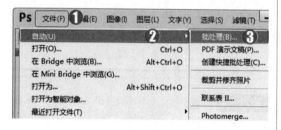

图 14-28

第3步　打开【浏览文件夹】对话框，*1.* 选择图片所在的文件夹，*2.* 单击【确定】按钮，如图 14-30 所示。

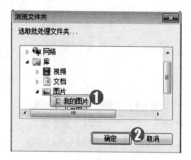

图 14-30

第2步　打开【批处理】对话框，*1.* 在【播放】区域下的【组】下拉列表框中选择准备应用的动作，*2.* 单击【源】区域下的【选择】按钮，如图 14-29 所示。

图 14-29

第4步　返回到【批处理】对话框，*1.* 在【目标】下拉列表框中选择【文件夹】选项，*2.* 单击【选择】按钮，如图 14-31 所示。

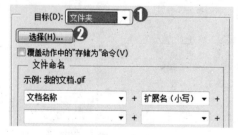

图 14-31

第 5 步 　 打开【浏览文件夹】对话框，指定完成批处理后文件的保存位置，然后单击【确定】按钮，如图 14-32 所示。

图 14–32

第 6 步 　 返回到【批处理】对话框，单击【确定】按钮即可完成批处理操作，如图 14-33 所示。

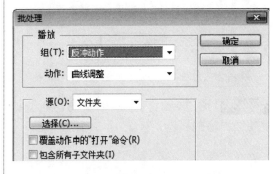

图 14–33

14.4.2 　 创建一个快捷批处理程序

微课堂
00分55秒

　　快捷批处理是一个能够快速完成批处理的小应用程序，它可以简化批处理操作的过程。下面详细介绍创建一个快捷批处理程序的方法。

操作步骤 　 >> 　 **Step by Step**

第 1 步 　 在菜单栏中，**1.** 单击【文件】主菜单，**2.** 在弹出的菜单中选择【自动】菜单项，**3.** 在弹出的子菜单中选择【创建快捷批处理】菜单项，如图 14-34 所示。

图 14–34

第 2 步 　 打开【创建快捷批处理】对话框，**1.** 在【播放】区域下的【组】下拉列表框中选择准备应用的动作，**2.** 单击【将快捷批处理存储为】区域下的【选择】按钮，如图 14-35 所示。

图 14–35

第 3 步 　 打开【另存为】对话框，**1.** 设置保存位置，**2.** 在【文件名】下拉列表框中输入名称，**3.** 单击【保存】按钮，如图 14-36 所示。

第 4 步 　 返回到【创建快捷批处理】对话框，单击【确定】按钮，如图 14-37 所示。

Photoshop CC 中文版图像处理

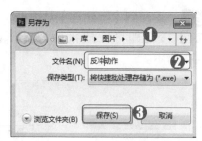

图 14-36

第5步 通过以上步骤即可完成创建快捷批处理程序的操作，如图 14-38 所示。

图 14-38

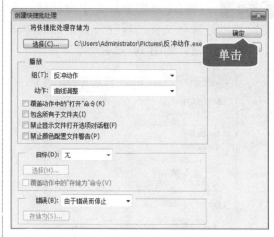

图 14-37

■ 指点迷津

当设置【目标】为文件夹时，下面将出现一个【覆盖动作中的"存储为"命令】选项。如果动作中包含【存储为】命令，则应该选中该复选框，这样在批处理时，动作中的【存储为】命令将引用批处理的文件，而不是动作中指定的文件名和位置。

Section 14.5 实践经验与技巧

 在本节的学习过程中，将侧重介绍与本章知识点有关的实践经验与技巧，主要内容包括条件模式更改、重新排列动作顺序和复位动作等方面的知识与操作技巧。

14.5.1 条件模式更改

使用动作处理图像时，如果在某个动作中，有一个步骤是将源模式为 RGB 的图像转换为 CMYK 模式，而当前处理的图像非 RGB 模式，就会出现错误。为了避免这种情况，可在记录动作时，使用【条件模式更改】命令为源模式指定一个或多个模式，并为目标模式指定一个模式，以便在动作执行过程中进行转换。下面详细介绍更改条件模式的方法。

操作步骤 >> **Step by Step**

第1步　在菜单栏中，**1.** 单击【文件】主菜单，**2.** 在弹出的菜单中选择【自动】菜单项，**3.** 在弹出的子菜单中选择【条件模式更改】菜单项，如图14-39所示。

第2步　打开【条件模式更改】对话框，**1.** 选中【RGB 颜色】复选框，**2.** 单击【确定】按钮即可完成更改，如图14-40所示。

图 14—39

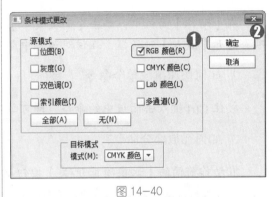

图 14—40

14.5.2　重新排列动作顺序

在【动作】面板中，将动作或命令拖曳至新位置，即可重新排列动作或命令，如图14-41所示。

图 14—41

14.5.3　复位动作

00分19秒

在【动作】面板菜单中选择【复位动作】命令，可以将【动作】面板中的动作恢复到默认的状态，如图14-42所示。

图 14—42

Photoshop CC 中文版图像处理

1. 如何载入外部动作库?

在【动作】面板中，单击【面板菜单】按钮，在弹出的菜单中选择【载入动作】菜单项，打开【载入】对话框，在该对话框中即可选择准备载入的动作库。

2. 如何快速播放单个命令?

按住 Ctrl 键双击面板中的命令，即可单独播放该命令。

3. 如何播放部分命令?

在动作前面的【切换项目开/关】按钮✔上单击，这些命令便不能够播放。

4. 如何按照顺序播放全部动作?

选择一个动作，单击【播放选定的动作】按钮▶，可按照顺序播放该动作中的所有命令。

5. 如何在一个动作中记录多个【插入路径】命令?

如果要在一个动作中记录多个【插入路径】命令，需要在记录每个【插入路径】命令后，都执行【路径】面板菜单中的【存储路径】命令，否则每记录的一个路径都会替换掉前一个路径。